만일 물리학으로 세상을 볼 수 있다면

만일 물리학으로 세상을 볼 수 있다면

지식을
지혜로
만드는
최소한의
과학 수업

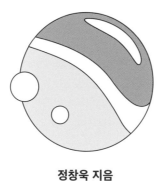

정창욱 지음

콘택트

정창욱 교수는 엉뚱하다, 그러나 기발하다. 못 믿겠다면 이 책의 차례를 먼저 살펴보기를 바란다. 어떤 과학자가 이런 기발한 질문을 이렇게나 많이 떠올리겠는가? 이 책은 다소 엉뚱하지만 기발한 질문이 과학적 사실로 바뀐 뒤, 삶에 관한 통찰로 연결되는 마법 같은 책이다. 그럴싸한 얕은 추천 콘텐츠에 익숙해진 느슨한 뇌세포들에게 새롭고 깊은 연결로 안내하는 이 책을 네트워크 과학자로서 추천한다.

정하웅 카이스트 물리학과 교수

미국 시트콤 「빅뱅 이론」에는 천재 물리학자 두 명이 나온다. 이 두 명이 전하는 온갖 신기한 이야기가 인기가 있다. 이 책을 읽는 독자는 이 시트콤을 보는 것과 같은 경험을 하게 될 것이다. 유쾌하고 명쾌한 과학 이야기가 가득하기 때문이다. 정창욱 교수의 번뜩이는 뜻밖의 생각은 나를 자주 놀라게 했다. 동시에 그는 친절하고 포용적인 성격의 소유자였다. 이 책의 글은 저자를 닮아 쉽고 친절하지만, 날카로운 관찰력으로 포착한 물리학의 지혜 또한 담고 있다.

이진호 서울대학교 물리천문학부 교수

인생을 향해 수없이 많은 질문과 답변을 던져본 사람은 결국 다시 새로운 물음의 자리로 도달한다. '그래서 우리가 찾은 답의 진정한 의미는 무엇일까?' 질문은 아이의 혼잣말처럼 무작위로 나타날 수 있지만, 명료한 답변이 제시되는 경우는 드물다. 그래서 물리학은 중요하다. 저자는 세상 속에서 물리학의 눈으로 다양한 질문을 발견하고, 꾸준히 답을 구하기 위해 애써온 과학자다. 그 답은 단순한 지식의 재배열이 아니라 친절한 안내가 곁들어진 도슨트 해설에 가깝다. 언젠가 다시 인생에 대한 질문을 던지는 순간이 찾아왔을 때, 물리학자의 도움을 받아보면 어떨까? 아마 가장 상쾌한 결과물을 얻게 되리라 확신한다.

궤도 과학 커뮤니케이터, 『과학이 필요한 시간』, 『궤도의 과학 허세』 저자

목차를 먼저 보고 끌리는 것부터 하나씩 찾아서 읽다 보면 순식간에 완독이 끝나 있을 것이다. 물리를 알고 세상을 바라보면 조금 더 재미있는 지점들을 많이 발견할 수 있다는 생각을 하곤 했다. 물리가 어려운 이들도 잠깐 물리라는 안경을 쓰고 세상을 바라보면서 '오 신기해! 생각보다 꽤 재밌는데?' 할 수 있게 도와주는 책이다. 누구나 한 번쯤 일상 속에서 떠올린 물음표가 책을 읽으면서 느낌표로 바뀔지도!

윤소희 배우

국가의 번영이 지정학^{Geo-politics}에서 기정학^{Techno-politics}이 지배하는 시대로 바뀌고 있다. 이에 따라 많은 국민이 과학과 기술에 대해 좀 더 자세히 알고자 한다. 이 책은 물리학뿐 아니라 일반적인 과학적 지식을 알기 쉽고 재미있게 풀어서 설명하고 있다. 입시를 위한 과학이 아닌 즐거움을 위한 과학이 살아 춤을 추기도 하고 귓가에 속삭여지기도 한다.

황철성 서울대학교 석좌교수, 재료공학부

30여 년간 지켜본 결과, 정창욱 교수는 우리 주변에서 일어나는 많은 현상을 새로운 과학적 관점으로 쉽고 재미있게 설명하는 데 탁월한 재주가 있다. '물리적 관점에서 이해한 한석봉과 어머니의 시합' 이야기를 처음 들었을 때 나만 알기에는 아까운, 흥미로운 이야기라고 생각했는데 이 책을 통해 많은 이에게 전해진다고 하니 다행이다. 내가 그랬듯, 물리학자의 시선으로 주위를 둘러보는 즐겁고 귀중한 경험을 할 수 있을 것이다.

노태원 서울대학교 석좌교수, 물리천문학부

정창욱 교수는 금속산화물 연구에 크게 공헌한 응집실험 물리학자로서 전문 연구 영역을 넘어서 물리학적 원리를 인문과학적 시각으로 풀어내는 데에도 탁월한 능력을 소유한 연구자다. 이 책에 담긴 이야기를 통해 대중이 과학에 가까이 다가서고, 과학자들도 대중과 가까워지는 기회가 생겨날 것이라 기대한다.

김재훈 연세대학교 물리학과 교수

내가 찍은 사진은 왜 항상 실제보다 덜 멋질까? 버스는 어디에 앉아야 편할까? 생활 속에는 무심코 넘기지만 골똘히 생각하면 또 한없이 궁금해지는 이야기가 있다. 함께 공부하던 학생으로, 물리학을 연구하는 동료로, 테니스와 사이클을 함께 즐기는 친구로, 30년 넘게 인연을 이어온 정창욱 교수가 그 이야기를 쉽게 풀어낸다. 내게도 기쁜 일이다.

최만수 고려대학교 물리학과 교수, 양재인재 양성센터 센터장

암벽과 빙벽을 오르고, 테니스를 포함해 20가지가 넘는 스포츠를 즐기는 정창욱 교수의 진짜 직업은 놀랍게도 물리학과 교수다. 그를 한마디로 설명하면 '호기심에 일생을 건 사람'이라 할 수 있다. 그뿐 아니라 물리학으로 사람을 웃길 수 있는 신비한 능력을 지닌 만능 엔터테이너로, 물리학계 유재석으로 불린다. 그런 그가 책으로 우리를 찾아왔다. 삶에서 발견할 수 있는 재미난 물리학 이야기를 가득 가지고서 말이다. 괴짜 교수가 설명하는 세상의 이치에 푹 빠져보자.

박인규 서울시립대학교 물리학과 교수

응집물질 물리와 고체화학을 탐구하는 우리 연구소도 정창욱 교수가 세계 최초로 발견한 토포택틱 저항스위치 메모리 연구로부터 중요한 힌트를 얻었다. 그는 우리 연구소 박사들과 함께하는 점심 모임 때마다 재미난 과학 이야기를 들려주었다. 나와 박사들은 모두 그의 이야기를 너무도 좋아했다. 그 이야기가 이 책에 담겨 대중에게 소개된다고 하니 기쁘다. 그가 소개하는 이야기는 다른 책에는 없는 독창적인 이야기이자 세상을 보는 새로운 시각이다. 이 책의 영문본 또한 출간되기를 기대한다.

윌프리드 프렐리어 프랑스 국립연구소 Laboratoire CRISMAT 소장

이 책은 흥미로운 일화를 통해 다양한 상황에 숨은 물리 법칙을 재치있게 풀어나간다. 사물과 현상의 작용 원리를 알려줌으로써 속고 살지 않게 해주는 책이다. 무심코 지나쳤던 당연한 일상에 존재하는, 특별한 재미를 발견하고 느끼게 한다.

김은경 한국외국어대학교 아프리카어과 교수

어린 시절 많은 아이들이 과학자를 꿈꾼다. 별과 곤충, 공룡에 열광하고 하루 종일 지치지도 않고 로봇과 블록을 조립한다. 하지만 이렇게 재미있던 과학은 학교에서 물리, 생물, 지구과학, 화학이라는 교과목이 되면 더 이상 아이들의 눈을 반짝이게 하지 못한다. 물리를 좋아하는 사람은 나와는 다른 좀 특별한 영재거나 괴짜라고 여긴다. 재미있는 물리학자 정창욱 교수의 책은 우리에게 호기심으로 반짝이던 아이의 눈빛과 두근거리던 기억을 다시 떠올리게 한다. '왜 그럴까?' 하는 의문의 답을 찾아가는 즐거움을 다시 떠올리게 될 것이다.

김영주 변호사

교수님 강의를 통해 확인한, 앞으로의 시대에 더욱 중요해질 인문학과 과학의 결합이 인상적이었다. 강연을 직접 들으러 가지 않아도 책을 통해 접할 수 있다니 기쁘게 생각한다. 더 많은 이들이 물리의 매력을 확실히 알아갈 수 있을 것이라 확신한다.

김기범 수원대학교 전자물리학과 학생

1850년 프랑스 앙제 다리에서

군인 478명이 일제히 발을 맞춰 다리를 건너다

갑작스럽게 다리가 무너져 수백 명이 사망하는 참사가 발생했다.

1940년에는 미국 워싱턴주의
타코마 해협에 놓인 다리가 지어진 지
불과 석 달 만에 무너지기도 했다.

타코마 다리는 양제 다리처럼

물리적으로 가해진 힘이 없어 보였는데도 무너져

그 원인을 조사해본 결과,

주기적으로 불어온 바람에 의한 공명 현상으로 밝혀졌다.

'공명'이란 특정 고유진동수를 지닌 물체가
그와 같은 진동수를 가진 힘을 주기적으로 받을 경우
진폭과 에너지가 크게 증가하는 현상을 말한다.

영국의 자연 철학자이자

과학혁명기에 주요한 역할을 한 과학자 훅(Hooke).

훅은 $F=-kx$라는 용수철 법칙을 정립했다.

* 'F'는 늘어난 용수철이 가지는 회복력, 'k'는 용수철 상수, 'x'는 늘어난 길이

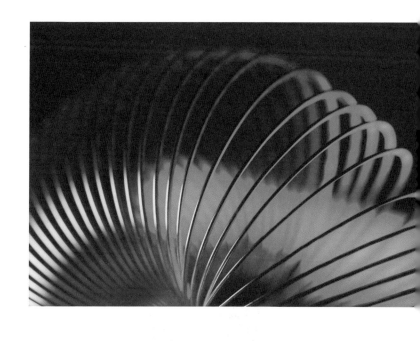

용수철 상수 'k'와 용수철에 연결된

물체의 질량 'm'이 정해지면

물체가 가진 고유진동수가 결정된다.

이때 k가 클수록, 질량이 작을수록 고유진동수는 크다.

F=-*kx*는 용수철의 복원력,

즉 원래 길이로 돌아오고자 하는 힘은

늘어난 길이에 비례한다는 의미다.

우리가 자동차를 탔을 때 멀미를 하는 이유는
두뇌에 차량의 '진동'이 전달돼
자율신경에 영향을 주기 때문이다.

성인 남성이 걷거나 뛸 때

머리의 상하 운동(진동)은 1분에 60~120번 이루어진다.

미세한 상하 운동이 1분당 60~120번 이뤄질 때는

편안함을 느낀다.

성인 남성이 자동차를 탔을 때,
진동수가 1분에 45번보다 적게 이뤄지면 어지럽다고 느끼고
120번을 초과하면 승차감이 좋지 않다고 느낀다.

그래서 진동수가 1분에 60~120번
이뤄지도록 장치(k)를 조절해 자동차를 만든다.

어린이는 질량이 작으므로 성인보다 고유진동수가 크다.

자동차 회사에서는 주로 성인의 진동수에

맞춰 자동차를 만드는 탓에

어린이의 쾌적진동수에 적합하지 않아

차에 탄 어린이들이 멀미를 더 많이 하는 것이다.

공명 현상은 에너지를 과도하게 주고받아
현수교가 끊어지는 재앙을 불러오기도 하지만,

적당한 마찰력과 공존하면
자동차의 편안한 승차감을 제공하기도 한다.

이러한 공명 현상은
물리적 현상이 아니어도
우리 일상에도 존재한다.

함께한 사람의 기분이 좋으면 나도 좋아지고
상대방이 불편하면 나도 불편함을 느낀다.

우연히 들른 미술관에서
내 마음을 비추는 그림 한 점을 만났을 때
감동의 순간을 경험하기도 한다.

서로 가진 마음이 같아 고유진동수가
진동하면서 울림을 만들어내는 순간이다.

사람들은 물리적 지식이 없어도
서로 공감하면서 감동하는 공명의 순간을
일상에서 경험하며 살아간다.

물리학은 지식이 아닌 지혜를 얻는 과정이다

누군가 만나 대화를 시작할 때, 물리학과 교수라는 사실을 밝히면 잠시 대화의 빙하기가 찾아온다. 물리는 삶과 동떨어진, 어려운 것이라는 평이 대세기 때문에 이 같은 반응도 당연하다. 그러나 세상이 상호작용하는 물질로 구성된 만큼, 물리라는 안경을 쓰고 보면 복잡한 문제도 단순하게 파악해 세상을 한층 더 명쾌하고 흥미롭게 이해할 수 있다.

2011년 미국 오크리지국립연구소에서 방문 교수로 재직하면서 1년간 연구한 적이 있다. 당시 살던 소도시에 대형 우박이 쏟아져, 자동차 약 10만 대가 파손되었다. 나 역시 파손된 차를 고치기 위해 피해 보상 전담 센터에 가서 다른 이들처럼 줄을 선 채 기다렸다. 그때 기다림을 지루해하는 옆에 있던 미국 중년 남성에게 영화 「캐리비안의 해적」에 바다 괴물이 왜 등장했는지 알려주는 물리 이야기를 들려주며, 이 이야기가 과거 생물의 대멸종, 미래 에너지와 어떤 연관이 있는지 설명해주었다. 그 남성은 매우 흥미로워하면서 새로운 질문을 던지기도 했다. 이때 보편적이지만 잘 알지 못하는, 그러나 알고 나면 공감하는 물리 이야기와 물리학자의 눈으로 세상을 바라보는 일의 즐거움을 많은 이에게 들려주고 싶다는 열망이 생겼다.

40년간 물리를 탐구하는 과학자로 살아오며 내가 깨달은 점은 '물리학은 결국 지식이 아닌 지혜를 얻는 과정'이라는 것이다. 과학은 정답을 아는 것이 중요한 것이 아니라 답에 도달하는 합리적인 방법을 찾아가는 태도다. 우리는 과학을 통해 새로운 것을 발견하고 기존의 질서를 바꾸기도 하고 지속가능한 것으로 만들기도 한다. 그 시작은 일상에 작은 관심을 가지고 질문을 던지며 세심하게 관찰하는 것이다. 과학자가 아니더라도 누구든 시도해 볼 수 있다. 물리는 세상을 보는 시선을 질문으로 구체화하는 것에서 비롯되기 때문이다.

이 책 1부에서는 우리가 사는 세상에 질문을 던진다. 이를 통해 절대적 물리 법칙은 결코 존재하지 않으며 우리는 어떻게 사고해야 하는지를, 나아가 과학은 결코 삶과 동떨어진 지식이 아니라 삶을 위해 존재할 때 가치 있음을 알 수 있다. 2부에서는 일상에 숨은 과학적 원리에 관한 이야기를 담았다. 누구나 한 번쯤은 궁금했을 법한 사물과 물질의 현상에 대한 기본 원리를 풀었기에 물리학의 재미를 느낄 수 있다. 마지막으로 3부에서는 우주 시대를 맞이해 인류가 우주에서 슬기롭게 살아가기 위해 알아야 하는 최소한의 물리 지식을 담았다. 인류가 우주에 쏟고 있는 노력이 결코 실패에 그치고 만 것이 아니라 어떻게 우리 삶을 진일보시키고 있는지를 살펴볼 수 있을 것이다.

물리에는 깊고 아름다운 이론이 많지만, 교과서에서 배운 간단한 이론을 충분히 깊고 아름답게 삶에 적용해 볼 수 있다. 여러분의 호기심, 그리고 세심한 관찰력만 있다면 얼마든지 할 수 있다. 물리학의 눈으로 보면 지금껏 알지 못했던 세상을 발견할 수 있다. 지금부터 과학이 증명한 삶의 지혜를 함께 경험하고 또 즐기기를 바란다.

삶과 물리
: 더 나은 삶을 위한 과학으로 생각하기

2부 물질과 물리
: 존재하나 보이지 않는 것을 발견하는 일

3부 우주와 물리
: 나와 우리, 지구 너머를 상상하는 힘

모든 이가 보는 것을 보면서
그 누구도 생각하지 않은 것을 생각하는 것이 과학이다.

Science is to see what everyone else has seen
but think what no one else has thought.

———————

얼베르트 센트죄르지

1부

삶과 물리

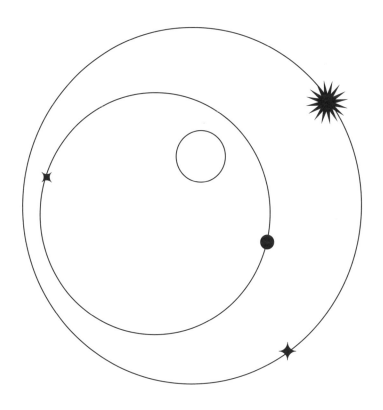

더 나은 삶을 위한 과학으로 생각하기

평균 수명 연장,

축복일까?

생명과 죽음 사이에는
딜레마가 존재한다

#생명 윤리와 물리량 보존 법칙

물리학에는 '물리량이 보존된다'는 명제를 기본으로
하는 법칙이 많다. 질량, 에너지, 운동량이 대표적인 예다.
아인슈타인의 에너지 질량 등가공식($E=mc^2$)의 특이한 예
를 제외하면 물리 반응이나 화학 반응 전후에 질량의 합은
변화하지 않고 유지된다.

예를 들어 닫힌 시험관 안의 수소와 산소가 반응해 물
이 생성돼도 시험관 전체의 질량은 유지된다. 우주에서 정
지한 우주선이 원하는 방향(편의상 오른쪽)으로 속도를 얻어

나아가려면 반대 방향(왼쪽)으로 질량을 가진 연소 기체를 쏘아내야 한다. 질량과 속도의 곱인 운동량이 보존되기 때문이다. 물질의 총량이 변하지 않고 보존된다는 말은 '총량이 제한적이다'라는 말과 같다.

●

리처드 도킨스는 『이기적 유전자』에서 생명체는 가장 이기적이고 효율적이어야 멸종되지 않고 살아남는다고 말한다. 쓸데없이 입에서 불을 뿜어내는 용은 지구상에 존재할 이유가 없었다. 새는 잘 날기 위해 뼈를 텅텅 비게 만들고 뇌의 용량을 줄여야 했다. 좋은 것을 다 가지고 살아갈수는 없다. 좋은 것도 총량이 일정하기 때문이다. 호랑이에게 날개가 달리면 지금보다 사냥 능력이 훨씬 더 나아질 것이다. 그러면 먹이가 되는 다른 동물들은 멸종하고 이는 다시 호랑이의 멸종으로 이어진다. 육식동물의 적당한 사냥 능력과 초식동물의 적당한 방어·도피 능력이 조화를 이뤄 총량을 보존한 체계가 바로 생태계다.

세포도 효율적으로 생존한다. 척추동물의 적혈구에 존재하는 단백질인 헤모글로빈은 혈액 내 산소를 운반하는 중요한 역할을 한다. 헤모글로빈은 산소 전달 기능을 극대화하기 위해 새의 뼈처럼 많은 것을 포기했다. 헤모글로빈은 핵이 없어 세포 분열을 하지 않는다. 적혈구에 핵이 생기면 크기가 커지고 무거워져 피가 흐르는 속도가 느려지고, 좁고 긴 혈관에서 많은 적혈구가 세포 분열을 하는 불상사가 일어난다. 그러면 모세혈관이 막힐 수 있는 데다 산소도 덜 운반하게 된다. 만약 혈관 내에서 헤모글로빈이 분열된다 해도 산소를 공급받으려면 폐까지 가서 기다려야 하므로 비효율적이다.

아폽토시스apoptosis는 세포의 조절된 죽음을 의미한다. 즉 세포가 유전자에 의해 제어돼 괴사하는 방식이다. 이는 병적 죽음인 네크로시스necrosis와는 구별된다. 발생 과정에서 몸의 형태 만들기를 담당하고 성체에서 정상 세포를 갱신하거나 이상이 생긴 세포를 제거하는 일을 아폽토시스가 담당한다. 쉽게 말해 네크로시스가 사고로 세포가 죽는 것이라면 아폽토시스는 생명체의 효율성을 위해 세포를 죽이는 것을 말한다.

인간의 손이 만들어지는 초창기에는 손가락들 사이에 물갈퀴 같은 막을 이루는 세포가 있었다. 온전한 기능을 해낼 수 있는 정상적인 손의 모습을 갖추려면 세포 분화가 진행되는 과정에서 막을 이루던 세포들이 죽어 사라져야 한다. 예를 들어 올챙이에겐 꼬리가 필요하지만, 개구리로 자라 다리가 생기면 꼬리라는 비효율 요소를 없애야 한다. 자연에서 더 잘 생존하기 위한 선택이다.

레밍이라는 설치류는 자연이 제공하고 지탱해줄 수 있는 이상으로 개체수가 늘어나면 집단자살을 하는 방법으로 적정 개체수를 유지하고 종족을 이어나간다. 작은 섬이나 식량자원이 빈약한 땅에 사는 원시 부족이나 북극에서 먹이가 부족할 때 자식을 잡아먹는 것 또한 종이나 부족의 멸종을 막는다는 해석도 있다.

반면, 암세포는 생명력으로 봤을 때 그 능력이 월등히 뛰어난 훌륭한 세포다. 끊임없이 분열해 종양과 비정상적인 세포를 만들고 출혈을 야기한다. 보통 모세포는 딸세포 두 개로 분열하고, 딸세포들은 새로운 조직을 만들거나 노화·손상으로 죽은 세포들을 대체한다. 건강한 세포들은 딸세포를 만들 필요가 없을 때는 분열을 멈춘다. 그러나 암세포는 분열을 멈추지 않고 전이도 잘 일어난다. 하지만 인간 몸 안의 자원과 공간은 유한하다. 필요 없는 세포가 무한대로 분열하면 필요한 세포가 사용할 자원과 공간은 당연히 부족해진다.

●

요즘은 경로우대라는 말이 다소 멋쩍게 들리는 듯하다. 만 65세(노인복지법에 의하면 노인을 만 65세 이상으로 규정함)를 넘긴 노년층 중에는 열심히 살아서 자식들 잘 키우고 사회에 기여도 많이 한 것 같은데 왜 공경과 양보를 받지 못하는지 회의를 느끼는 분들도 있다. 노년층을 공경하던 것을 당연한 도리로 여겼던 때가 불과 얼마 지나지 않았는데 오늘날 우리 사회는 왜 '노인 공경'과 멀어졌을까?

40년 전, 1980년대 남자의 평균수명은 62세에도 채 못 미쳤다. 대학생이 매우 드물었던 시기, 일반인들은 10대 후반이나 20대 초반에 일찍 취직해서 대개는 30년 이상 일하다 퇴직했고 과반수는 10년 이내에 죽었다. 간단히 말해 평균적으로 30년 이상을 직장생활하다 대략 60세에 죽는다는 말이다. 기본적인 의식주에도 돈이 적게 들던 시절이고 그 문제 외에는 별로 돈 들 일도 없었던 유년시절을 제외하면 40년 인생에서 4분의 3에 해당하는 기간 동안 돈을

「노년의 우화」(18세기 초)

벌었다는 의미가 된다. 65~70세가 넘어가면 같은 나이대의 10명 중에 살아남은 이는 1~2명 정도였다. 대부분의 젊은 층은 부모가 쓰지 못하고 남겨놓은 재산과 일자리를 물려받을 수도 있었다. 당시는 경제가 가파르게 성장하던 시기여서 기회가 풍족한 편이었다. 어릴 때는 부족함이 많았지만 장년이 되어서는 일자리 구하기가 어렵지 않았다. 살아남은 1~2명의 노인을, 가정과 사회 전체가 공경하고 부양할 수 있는 환경이 마련되었다.

1980년대로부터 40여 년이 흘러 2019년이 되자, 20대 후반에도 취직을 하기 어려운 세상으로 바뀌었다. 열심히 노력하고 다행히 운도 따라 좋은 직장에 취직을 해도 20~25년 이상을 버티기 힘들다. 잘 버티어 50대에 퇴직한들 90퍼센트가 20~30년을 더 살아야 한다. 간단히 말해 평균적으로 80세에 죽고 25년간 직장생활을 한다. 1980년과 비교하면 큰 차이가 있다.

대외적으로 좋은 환경 덕분에 경제가 가파르게 성장하던 1980년대의 호시기를 지나 좋은 일자리의 숫자가 급속하게 감소하는 요즘이다. 청장년층이 노인을 공경하기란 하루하루 현실이 너무 팍팍하다. 10명 중 5명이 80세에도 살아남으니(현재 대한민국 평균수명은 83세다) 85세 이상 노인을 공경하는 것조차도, 40년 전 환갑 넘은 노인을 공경하는 것과 비교하면 힘에 부친다. 여기다 수명만 연장된 것이 아니라 욕구도 연장되고 확장된다. 경제적으로 부유해지고 생활수준이 향상되면서 현대의 노인은 여건만 허락한다면 과거에 비해 신체적·정서적·사회적으로 다양하게 욕구를 충족할 수 있다. 의학이 발전했고 즐기는 음식과 문화가 풍성해졌으며 배움의 기회도 늘었다. 더구나 자본주의와 미디어는 새로운 소비 계층의 욕구를 끊임없이 부추긴다. 여유가 뒷받침되지 않는 노년층은 욕구는 줄지 않았는데 건강과 경제적 여건이 충족되지 않아 소외감을 느끼기 쉽다. 젊은 시절 자식의 사교육에 헌신한 대가로 노후대책을 세우지 못한 경우도 허다하다.

●

기록에 따르면 1천 년 전, 우리나라의 출생아 셋 중 하나는 4세까지도 살지 못했다. 조선시대 최장수 임금으로 유명한 영조의 자녀 14명 중 5명이 4세를 넘기지 못했다고 한다. 조선시대 왕의 평균 수명이 46세이었으니 일반 백성들은 대부분 마흔 중반에도 미치지 못하는 수명을 누렸을 것이다. 오랫동안 살아남는 것이 매우 희귀한 일인 만큼 후손이 윗사람을 공경하는 일은 당연했다.

경로우대사상이 당연하게 여겨진 데는 귀한 것이 보호받기 쉽다는 의미가 담겨 있다. 5~10명의 자식을 출산하는 경우 부모는 다자녀를 부양하기 위해서 청장년기를 모두 바쳐야 했다. 그리고 아주 운이 좋으면 60세를 넘겨 살았다. 자식세대의 인구보다 노인세대의 인구가 적었고 경제적·정신적 공경이 어렵지 않았다. 하지만 지금은 4명의 조부모, 2명의 부모, 1명의 자녀가 보편적일 정도로 기하급수적으로 인구가 감소하고 있다. 2022년 한국의 출산률은 0.78명 이하 수준이다. 요즘은 노인공경이 아니라 '신생아 공경' 또는 '임산부 공경'으로 바뀌어야 할 정도다.

귀해서 보호받거나 값어치 있는 것들이 흔해지면 더 이상 대접을 받지 못한다. 100년 전의 귤나무는 대학나무로 불렸다고 한다. 귤나무 한 그루면 그 비싸다던 등록금을 내면서 자식을 대학 졸업시킨다는 말이다. 하지만 오늘날 귤은 귀한 작물이 아니다. 충분히 많이 생산되기 때문이다. 안타깝지만 한국의 노년층은 이제 귤나무와 사정이 비슷한 듯하다. 효율성을 추구하는 자연계의 논리로 인간의 평균수명 연장이 불러온 문제를 해결할 수는 없을 것이다. 생명과 죽음 사이, 우리는 이 딜레마의 한가운데에 있다.

과학 원리로 본

남녀평등

두 변수를 서로 바꿔도
같은 값이 도출될 때 관계는 대등하다

✦

#남녀평등과 대칭성의 원리

물리학에는 평등하고 대등한 두 변수를 서로 바꿔도 같은 값을 도출하는 '대칭성의 원리'가 있다. 대칭성 원리는 물리적 진실을 가장 간단하고 극명하게 밝히는 도구 중 하나로 많이 활용된다. 예를 들어 중력장 하에서 물체나 사람의 운동을 기술할 때 보통 xyz좌표계를 사용한다. 주로 중력이 작용하는 방향을 z축으로 잡고 z축에 수직인 평면을 나머지 x축과 y축으로 표현한다. 이때 x축과 y축을 어떻게 잡아도 상관없으며 일단 각 축으로 물리 법칙을 유도

한 다음에 x, y를 교환해도 같은 물리 법칙이 적용된다. 좌표계가 달라져도 물리 법칙은 바뀌지 않기 때문이다. 그렇다면 '두 변수를 서로 바꿔도 같은 값이 도출되면 대등한 것이다'라는 원리를 남녀평등에 적용해볼 수 있을까?

●

2022년에 방영된 인기 드라마 「이상한 변호사 우영우」에서는 주인공 우영우 변호사가 판결에 결정적 영향을 미치는 중요한 서류 내용을 짧은 시간 내에 떠올리는 상황이 연출된다. 그는 허공에 홀로그램으로 표현된 산더미 같은 자료를 빠르게 스캔하듯 넘기면서 결국 자료를 찾아내는 데 성공한다. 수많은 자료를 검토하면서 예리하게 단서를 찾아내는 변호사라는 직업과 우영우라는 인물의 특출함을 유쾌하게 보여준 인상적인 장면이었다.

변호사와 판사는 일의 성격이 서로 다르지만 평소 알고 지내던 판사에게 들어보니 드라마 속 내용이 과장만은 아닌 듯했다. 그는 매번 산더미같이 쌓인 자료와 진술 내용을 읽고 이해한 뒤 정리해낸다고 한다. 또 진술 내용 속에서 의미가 상충하는 문장과 교묘한 거짓말도 찾아내야 한다. 과중한 업무 속에서 살뜰히 휴식을 챙기지 않으면 건강을 해칠 수도 있겠다는 우려가 들었다. 그러면서도 그는 자신의 일과를 수행하느라 자녀를 돌보지 못하는 엄마라는 사실에 늘 죄책감을 느끼고 있었다.

3년 전, '부장판사 며느리가 시부모 장례를 치르다 장례에 따른 과로로 사망했다'라는 기사를 보며 그를 떠올렸다. 대칭성의 원리를 적용해 가정해봤을 때, '부장판사 사위가 장인어른 장례를 치르다가 장례에 따른 과로로 사망했다'라는 기사는 들어본 적이 없다. 사회와 가정에서 남녀평등에 대한 논의가 활발해지고 인식이 개선되고는 있지만 여전히 갈 길은 멀다. 많은 여성이 직장을 다니면서 가사 노동과 양육, 그리고 며느리로서의 의무에서 해방되기는 아직 어려워 보인다.

●

내가 아는 한 중국인 교수 류○○ 박사는 미국 유학 때 만난 한국 남성과 결혼해 한국에 정착했다. 2013년, 류 교수와 함께 북경으로 물리학과 대학원 MT를 떠났을 때 보이차 판매점에 들른 적이 있다. 최상품이 30만 원, 차상품이 10만 원대 초반이었다. 나는 평소 검소하던 류 교수가 최상품을 구매하기에 따라 사며 물었다.

"한국으로 돌아가 시댁 어른께 선물할 건가요?"

"아니요."

"그럼 남편에게?"

"아니요."

"그럼 사랑하는 두 딸에게?"

류 교수의 대답은 역시 "아니요"였다. 류 교수는 친정 어머니로부터 "가장 맛있고 몸에 좋은 음식, 약이 생기면 네가 먹어라. 결혼해도 마찬가지다"라는 말을 어릴 때부터 듣고 자랐다고 했다. 한국인 남편과 결혼 후 처음 부엌에서 음식을 만들어봤다는 이야기를 들으며 한편으로는 놀랍기도 하면서 다른 한편으로는 희생과 봉사를 미덕으로 생각한 우리나라의 어머니와 딸들이 생각났다.

류 교수가 친정어머니에게 들었다는 말은 우리나라에서 주로 집안의 장손, 큰아들이 부모에게 듣던 말이다. 한국에서 귀한 아들자식으로 자라온 나 또한 차 선물의 주인공이 시댁어른이나 남편, 자녀일 것이라고 짐작했으니 남녀차별이 얼마나 뿌리 깊이 박혀 있는지 새삼 느꼈다.

「죽음 앞의 평등」(1848), 윌리엄 부게로

물리학의 대칭성의 원리에 따르면 두 변수를 바꿔도 명제는 성립해야 한다. 즉 남성과 여성의 권리가 대등하다면 두 변수를 치환했을 때, 자연스럽게 성립해야 하는데 우리는 과연 그럴까?

●

남녀를 불문하고 배우자의 실수는 참을 수 없지만 같은 행동을 한 자녀에게는 쉽게 관용을 베푼다면, 누군가는 당신의 자녀를 보며 지적하거나 화를 삭여야 할 것이다. 경제적으로나 인격적으로 독립해야 하는 필요성을 가르치지 않는 부모 밑에서 자란 자녀는 훗날 배우자에게 부모가 제공했던 편의를 요구할지 모른다. 외국인이라는 이유로 최소한의 노동조건을 한국인과 같이 보장하지 않는 것은 대칭성에 어긋난다. 명절에 시누이와 올케가 각자의 친정에서 밥을 먹는 것도 평범한 일상이 돼야 한다. 윤리는 보편타당해야 한다. 나에게 이익이고 타인에게 희생이면 보편타당한 윤리로 보기 어렵다.

물론 대칭성의 원리가 우리 앞에 놓인 문제를 해결하는 근본 대책이 될 수는 없다. 대칭성의 원리를 적용해 남녀가 평등하려면 여자도 군대에 가야 하고, 남자도 출산을 해야 한다는 주장은 합당할까? 여성이 군대에 가야 한다면 남성과 동일한 신체적 능력을 증명해야 하는데 남성과 여성의 생물학적 몸의 차이는 어떻게 극복할 수 있을까? 이런 딜레마 앞에서 과학 또한 홀로 완벽하지 않음을 새삼 인정하면서 우리는 다각도로 깊이 사고해야 함을 깨닫는다.

잡음을 거둬내면

신호가 보인다

가짜 뉴스는
부당한 이익을 추구한다

✦

#숨은 진실과 신호 대 잡음비

신호는 일정한 부호, 표지, 소리, 몸짓 따위로 특정한
내용 또는 정보를 전달하거나 지시를 함. 또는 그렇게 하는
데 쓰는 부호를 말한다. 반면에 잡음은 시끄러운 여러 가지
소리다. 두 단어의 의미를 되짚어보면 신호는 믿을 수 있는
약속이고 잡음은 섞여 있는 소리를 뜻한다. 즉 신호는 의도
되거나 신뢰할 수 있지만 잡음은 신호의 인지나 해석을 방
해하는 요소다. 과학에서는 결과를 도출하는 데 불필요한
잡음과 결과에 반드시 필요한 신호의 비율을 '신호 대 잡음

비signal to noise ratio'라고 부른다. 신호와 잡음이 뒤섞인 채 공존하는 일상생활에서 우리는 불필요한 잡음을 걷어내고 반드시 필요한 신호를 선별하고 있을까?

●

생명체는 감각기관으로 들어오는 정보들을 효과적으로 잘 처리해 대응해야 생존할 수 있다. 사람의 뇌는 시각·청각·후각·미각·촉각의 다섯 가지 감각, 즉 오감五感을 통해 들어오는 정보들을 받아들여 처리하고 분석한다. 개체마다 다르지만 사람의 경우 보통 오감 중에서도 시각과 청각을 통해 들어오는 정보를 가장 오랜 시간 받아들이고 가장 많이 활용한다. 낮이나 밝은 곳에서 활동할 때, 컴퓨터 작업을 하거나 특정 장소를 찾아가거나 운동할 때에도 주로 시각 정보를 활용한다.

물론 시력이 나쁘다면 예외겠지만, 밝을 때 존재하는 시각 정보는 매우 선명하고 뚜렷해 분석하기 쉽다. 즉 신호 대 잡음비가 큰 신호들이 눈에 들어온다는 의미다. 어두워지면 시각 정보가 불분명해지는데 이를 물리적 용어로 '잡음 신호가 증가한다'라고 표현한다. 시각 정보의 신호 대 잡음비가 크게 감소하는 것이다. 낮이나 밤이나 청각 정보의 신호 대 잡음비의 차이는 별로 없다. 하지만 동영상 파일 같은 엄청난 데이터 크기를 가진 시각 정보의 낮은 신호 대 잡음비가 어두운 밤과 같은 환경에서는 청각 신호의 분석을 방해한다. 이런 경우 아예 눈을 감으면 시각 정보를 받아들이지 않으므로 청각 정보를 더 잘 분석할 수 있다. 어둑어둑한 밤에 눈을 감으면 소리가 더 잘 들리는, 즉 청각 정보가 좀 더 분명하게 분석되는 경우를 경험해봤을 것이다. 시각장애인의 청력이 좋은 것도 이 같은 원리로 이해할 수 있다. 오랜 시간 동안 시각 정보 대신 청각 정보 분석에 집중하도록 뇌가 훈련됐기 때문이기도 하다.

전화 통화를 할 때 잡음이 많으면 상대방의 말소리가 잘 들리지 않는다. 잡음을 줄여야 신호, 즉 상대방의 목소리를 들을 수 있다. 즉 시청각 정보를 전송할 때는 속도도 중요하지만 잡음을 줄이는 기술이 핵심이다.

신호 대 잡음비의 개념은 사회에서 진실(신호)을 숨기기 위해 의도된 이야기(잡음)를 퍼뜨리는 방식에 활용되기도 한다. 가짜 뉴스가 많아지면 사람들은 사실들을 쉽게 분석하지 못한다.

과거 미국과 소련 사이의 냉전 시기에 '소련의 흑토 지대에 풍년이 들었다'는 뉴스가 소련 정부 기관지에 실리면 미국은 '그 반대쪽은 흉년이 들었다'는 정보로 이해했다고 한다. 좋은 소식이 의도된 잡음으로 기능한 대표적인 예다. 이때 신호는 숨겨진 나쁜 소식인 셈이다. 인간의 대뇌가 가진 분석 능력이 유한하기 때문이다. 고등학생 자녀가 "엄마! 국어랑 영어 시험은 정말 잘 쳤어"라고 말하는 것(잡음)은 수학 시험 점수가 신통치 않다는 사실(신호)을 가리기 위한 의도된 말이라는 비유를 들면 이해가 쉬울 것이다.

●

15세기 대항해 시대에 유럽 밖으로 진출한 영국은 전 세계 인구의 4분의 1, 지구 면적의 4분의 1에 해당하는 영토를 차지했다. 식민지가 전 지구상에 넓게 펴져 있어 적어도 어느 한 곳의 식민지에는 항상 해가 떠 있다는 의미로 '해가 지지 않는 나라'라고 불렸다. 이 시기에 영국, 프랑스, 스페인, 포르투갈, 네덜란드 같은 유럽 열강들은 국가의 허락을 받은 해적선(사략선)을 운용했다. 그들은 왕의 이름으로 노예 무역, 노예를 이용한 대농장 운영, 식민지의 자원 탈취 등 상상할 수 있는 온갖 나쁜 짓들을 행했다. 심지어 자신들이 믿는 신, 즉 구약성경 속 하나님의 이름으로 식민지를 확장했다. 이후 그들은 식민지에서 야만적인 인권 탄압을 통해 탈취한 거대한 경제적 이익의 정당성을 확보하고자 했다. 그런 이유에서 피로 물든 손과 영혼을 씻어내기 위해 신사도, 명예라는 말을 자주 사용했다는 설도 있다.

중국에서도 비슷한 역사를 찾아볼 수 있다. 삼국지는 후한 말기부터 서진 초까지의 역사를 다룬다. 특히 역사의 승자인 조조의 위나라를 정통 왕조로 보고 기록한 역사서다. 하지만 독자들은 유비, 관우, 장비의 도원결의나 유비와 제갈공명의 삼고초려 같은 의리와 정의의 이야기에 훨씬 더 열광하곤 한다. 독자들의 관심과 달리 현실 세계에서는 국가 간 전쟁에서 승리하고자 할 때 의리, 정의, 정정당당함은 방해 요소로 치부되는 경우가 훨씬 더 많다. 그보다는 비열함, 기만술, 속임수가 보편적이고 필수적일 때가 허다하다. 중국의 유명한 전략인 삼십육계의 주요 내용을 살펴보면 잘 알 수 있다.

제3계. 차도살인借刀殺人: 남의 칼을 빌려 사람을 해치다.

제5계. 진화타겁趁火打劫: 남의 집에 불난 틈을 타 도둑질하다.

제6계. 성동격서聲東擊西: 동쪽에서 소리치고 서쪽을 공격하다.

제17계. 포전인옥抛磚引玉: 돌을 던져서 구슬을 얻다. 지극히 유사한 것으로 적을 미혹시킨 다음 공격한다.

제27계. 가치부전假痴不癲: 어리석은 척하되 미친 척하지 말라.

제31계. 미인계美人計: 미녀를 바쳐 음욕으로 유혹하다.

제33계. 반간계反間計: 적의 첩자를 이용하다.

제34계. 고육계苦肉計: 자신을 희생해 적을 안심시키다. 진실을 거짓으로 가장하고 거짓을 진실로 꾸며 행동한다.

삼국지에 등장하는 인물들도 유럽 열강의 식민 지배자들처럼 온갖 비열한 방법으로 전쟁에서 승리하고서 의리와 협의 같은 말로 자신들의 업적을 정신적 승리로 승화시켰다. 그들이 말하는 의리와 협의는 그저 영웅들의 전유물일 뿐, 일반 백성들은 그들의 명예를 위한 희생양에 불과했다.

미국 서부 영화를 보면 총잡이들의 비장한 대결 장면이 자주 등장한다. 그들은 마주 보다 셋을 세고는 총을 들

「가면에 둘러싸인 엔소르」, 제임스 엔소르

어 서로를 향해 총을 쏜다. 또는 서로 등을 대고 있다가 반대편으로 세 발자국 걷고 난 다음 돌아서서 총을 쏘기도 한다. 그런데 자신의 생명이 달린 일에 숫자를 셋이나 셀 정신이 있을까? 어쩌면 하나나 둘에 쏘거나 심지어는 하나에 쐈을 것이다. 또는 현대 전쟁의 저격수처럼 숨어서 쏴 죽였을 것이다. 목숨을 건 사투 앞에 끝까지 의로울 이가 얼마나 될까? '하나, 둘, 셋, 탕!' 하며 이뤄지는 멋진 대결 장면이 서부 영화에서 그려지는 것은 당시의 비겁한 치부를 감추려는 서사는 아닐까?

●

정보의 대홍수 시대를 살아가다 보니 잡음을 걷어내는 일이 일과가 됐다. 잡음 또는 가짜 뉴스는 부당한 이익을 추구하는 불필요한 정보들이다. 신호와 잡음의 차이를 알고 기준을 세워 구별하는 눈을 길러야 할 때다. 넘쳐나는 데이터 앞에서 논리적 사고와 합리적 판단을 언제나 우선적으로 갖춰야 한다.

고유진동수는

증폭한다

물리적 지식을 몰라도
공명을 경험한다

✦

#울림과 고유진동수

1850년 프랑스 앙제 다리^{Angers bridge}에서 군인 478명이 일제히 발을 맞춰 다리를 건너다 갑작스럽게 다리가 무너져 수백 명이 사망하는 참사가 발생했다. 1940년에는 미국 워싱턴주의 타코마^{Tacoma} 해협에 놓인 타코마 다리가 완공된 지 얼마 지나지 않아 무너져 많은 사람을 놀라게 했다. 심지어 타코마 다리는 앙제 다리처럼 물리적으로 가해진 힘이 없어 보였는데도 무너져 그 원인을 상세히 조사해본 결과, 바람에 의한 공명 현상이 원인으로 밝혀졌다.

공명共鳴, resonance이란 특정 고유진동수를 지닌 물체가 그와 같은 진동수를 가진 힘을 주기적으로 받을 경우 진폭과 에너지가 크게 증가하는 현상을 말한다. 진동하는 모든 물체는 각자의 재질과 모양에 따라 고유진동수를 가지며 이에 의해 공명 현상이 일어난다.

●

영국의 자연 철학자이자 과학혁명기의 주요한 역할을 한 과학자 로버트 훅Robert Hooke. 훅의 용수철 법칙을 간단히 표현하면 $F=-kx$다. 'F'는 '(용수철이 원래 길이로 돌아오려는) 힘'이고 'k'는 용수철 상수이며 'x'는 늘어난 길이를 의미한다. $F=-kx$는 용수철의 복원력, 즉 원래 길이로 돌아오고자 하는 힘은 늘어난 길이에 비례한다는 의미다.

용수철에 질량 m을 달아 잡아당기면 고유진동수 f로 진동한다. 이를 수식으로 표현하면 $k=m(6.3×f)^2$다. 딱딱한 스프링을 달면, k가 커져서 고유진동수가 증가하고 질량이 크면 진동수가 감소한다. 말을 타본 뒤 코끼리를 타본 사람은 코끼리가 걸을 때 진동수가 상당히 적다는 사실을 몸으로 느꼈을 것이다.

차이는 있으나 질량이 대체로 일정한 자동차는 본체와 현가장치(차축과 차체 사이를 연결해 자동차의 안정성을 높이는 장치) 재질에 의해 결정되는 k값의 조절로 고유진동수가 결정된다. 자동차를 탔을 때 멀미를 하는 이유는 두뇌에 진동이 작용해 자율신경에 영향을 주기 때문이다. 성인 남성이 걸을 때 머리의 상하 운동은 1분에 60~70번, 달리기는 1분에 130~160번 이뤄진다. 일반적으로 자동차의 미세한 상하 운동(진동수)이 1분당 60~120번 이뤄질 때 승차감이 좋다고 한다. 한편 진동수가 1분에 45번보다 적게 이뤄지면 어지러움을 느끼고 120번을 초과하면 승차감이 딱딱하게 느껴진다고 한다.

질량이 크면 고유진동수는 작고, 질량이 작으면 고유진동수는 크다. 사람이 아닌 동물이 승용차에 타면 그 동물은 쉽게 피곤함을 느낄 것이다. 평소 천천히 걷는 큰 소는 고유진동수가 작다. 반면 빨리 달리는 작은 개와 고양이는 고유진동수가 크다. 물리적으로 보면 사람과 사람이 아닌 동물의 뼈, 근육세포에 해당하는 k는 거의 같은 값을 가진다. 그래서 사람이든 동물이든 전체 질량에 따라 고유진동수가 결정된다. 어린이는 질량이 작으므로 성인보다 고유진동수가 크다. 그런데 자동차 회사에서 주로 성인의 진동수에 맞춰 자동차를 만드는 탓에 어린이의 쾌적진동수에 적합하지 않아 차에 탄 어린이들이 멀미를 많이 하는 것이다.

어린 시절, 나는 남동생을 그네에 태우고는 동생의 등을 밀어 진폭이 커지도록 했다. 그네가 왔다 갔다 하는 주기는 그네 줄의 길이의 제곱근에 비례한다(T^2=4×3.14^2×(L/9.8)). 그네 줄의 길이가 4미터이면 이 주기는 대략 4초가 된다. 동생은 그네에서 흔들리면서 4초에 한 번씩 나에게 다가온다. 내가 4초에 한 번씩 등을 밀어주면 그네의 진폭은 점점 커지게 돼 동생의 즐거움도 커진다. 4초가 아닌 다른 주기로 밀면 진폭이 커지지 않고 그네의 움직임을 오히려 방해하기 시작한다.

●

마찰력이 작은 상태에서 공명 현상은 에너지를 과도하게 주고받아 현수교가 끊어지는 것과 같은 재앙을 일으킨다. 한편 그네나 자동차 사례처럼 적당한 마찰력이 존재하는 경우 공명 현상은 편안함을 준다.

「La Grenouillere」(1840~1926), 클로드 모네

성가신 구속이나 불편한 제약일지라도 오랫동안 주어지면 익숙해져 이를 제거했을 때 사람은 불안감을 느낀다. 고층빌딩에서 사고로 추락하는 영화 속 등장인물은 몸을 허우적거리면서 불안과 공포에 휩싸인다. 추락하는 동안 사람은 지상에 충돌해 사망한다고 인식할 뿐, 중력으로부터 해방되는 자유를 느끼지는 않는다. 전기자동차는 엔진의 진동으로부터 해방돼 소음을 발생시키지 않지만, 소리가 없는 움직임은 편리함만을 주지 않는다. 특히 운전자나 보행자는 차가 움직인다는 정보를 몸으로 느끼기 어려워 사고에 처할 위험에 자주 노출된다. 그런 이유로 최근에 생산된 전기자동차 중에는 안전을 위해 일부러 엔진음과 비슷한 소음이 들리도록 만들기도 한다.

자연계의 공명 현상은 에너지를 주고받는 물리 현상이다. 굳이 물리적 현상이 아니어도 우리는 일상에서 공명 현상을 경험한다. 함께한 사람의 기분이 좋으면 나도 좋아지고, 상대방이 불편하면 나도 불편해진다. 말로 표현하지 않았지만 상대방이 내 마음을 헤아렸을 때, 우연히 들른 미술관에서 내 마음을 비추는 그림 한 점을 만났을 때 사람들은 이심전심의 순간을 경험한다. 각자가 가진 마음의 고유진동수가 증폭하면서 울림을 만들어내는 순간이다. 사람들은 물리적 지식이 없어도 서로 공감하면서 감동하는 공명의 순간을 일상에서 경험하며 살아간다.

인간관계에도

피드백 기술이 필요하다

오류는 피드백 제어로
최소화할 수 있다

✦

#관계와 피드백 제어 기술

인체에는 체온 조절 센터가 있어 체온이 증가하면 생
리학적 반응을 일으켜 평균적으로 36.5도를 유지한다. 방
안 온도를 20도에 맞춰놓으면 설정 온도보다 기온이 상승
하거나 하강할 때마다 냉난방 장치가 작동해 방 안의 온도
를 조절한다. 어떤 원인(가열 또는 냉방)에 의해 나타난 결과
함수(시간에 따른 온도 함수, $T(t)$)를 이용해 원인을 제어하는
방식으로 결과값을 얻는 자동 조절 방법을 피드백 제어 기
술이라고 한다. 생물학적으로는 인체의 항상성을 유지하

고 기계적으로는 에어컨의 온도 및 자동차의 속도를 조절하는 등 다양한 분야에서 활용된다.

●

자동 조절 원리, 피드백 제어 기술은 인간관계에도 필요하다. 일상에서 사람들은 대화를 나눌 때 무의식적으로 상대의 이야기에 고개를 끄덕이고 적절한 응답을 하는 등 수많은 피드백 기술을 사용한다. 특정 목적을 달성하기 위해 의사소통하는 경우에 우리는 자신이 말한 내용에 반응하는 상대의 표정, 사소한 움직임, 목소리 톤이라는 변수를 의식적으로 살피면서 적절히 대응해 원하는 결과를 이끌어내고자 한다. 의사소통 시의 일반적인 피드백 기술이다. 반면 전화로 대화를 나눌 때는 표정과 분위기라는 시각적 피드백 신호를 모두 놓치고 만다. 문자나 카카오톡으로 대화할 때도 목소리 톤이라는 청각적 피드백 신호마저 놓치게 된다.

대학교 4학년 때 나는 50시시(cc) 소형 오토바이를 타고 돌아다녔다. 도서관에서 공부하다가 신림동 하숙집에서 점심 식사, 저녁 식사를 해결하고 다시 도서관으로 돌아가는 반복적인 이동을 편히 해결하기 위해서였다. 오토바이는 학교와 하숙집 사이의 왕복 이동 시간을 80분에서 20분 정도로 4배 단축해줬다(80분을 이동하는 데 쓰고 40분을 식사하는 데 쓰면 도서관 좌석을 2시간 이상 비워두게 되므로 좌석을 뺏기기 쉽다). 넓디넓은 캠퍼스에 서로 멀리 떨어져 있는 강의동을 종횡무진 옮겨 다닐 때도 편했다. 무엇보다 앞 강의와 뒤 강의 사이에 생기는 5~10분의 시간만으로는 강의실에 제시간에 도착하기 힘들어 앞자리를 차지할 수 없었다. 강의동의 반대편에 있던 테니스장으로 이동할 때도 너무나 편하고 좋았다.

물론 오토바이는 자동차보다 사고의 위험에 많이 노출돼 있는 이동 수단이라 예찬하는 데 한계가 있다. 언젠가 자가용을 가진 친구들이 내게 오토바이의 장점을 말해보라고 하기에 이런 말을 한 적이 있다. "사고가 나서 보행자가 다치면 운전자인 나도 다친다." 자동차와 달리 소형 오토바이는 사고가 나면 운전자도 많이 다친다. 여기서도 피드백 제어의 원리를 발견할 수 있다. 보행자만큼이나 운전자도 크게 다칠 수 있다는 위험이 운전을 조심하게 되는 강한 피드백 신호가 되기 때문이다.

2002년부터 2004년까지 나는 일본의 쓰쿠바시에 있는 생산기술종합연구소라는 곳에 에라토펠로로 임명돼 연구원 생활을 한 적이 있다. 당시 쓰쿠바 시내에 새로 지어진 외국인 전용 아파트에 살았다. 그곳에는 수많은 연구소들이 있었다(대전 대덕연구단지가 쓰쿠바시를 모델로 만들어졌다). 이곳에 머무는 동안 연구 외 시간에는 일본어를 배우고 일본 역사를 들여다보며 현지인들의 삶을 이해해갔다. 연구소에는 일본인 외에도 세계 각지에서 몰려든 수많은 외국인 박사들이 있었다. 여가활동으로 그들과 함께 테니스를 치거나 대화를 나누며 학문적으로, 또 인간적으로 관계를 쌓았던 시간을 좋은 추억으로 간직하고 있다.

일본에 거주한 지 1년 미만이 된 한국인이나 외국인 대다수는 규칙을 준수하고 예의 바른 일본인의 모습은 물론, 깨끗한 거리와 공원의 튼튼한 펜스, 편리한 시설물 등의 다양한 인프라에 감동하곤 했다. 그런데 일본에 거주한 지 2년이 넘어가면서 몇몇 사람들은 일본인에 대한 두려운 감정이 생기기 시작한다고 말한다. "노(no)"를 말하지 못하는

「대화」, 헤드윅 외링

일본인은 외국인이 곤란한 부탁을 하면 앞에서는 들어주지만 사실 속으로는 괴로워한다. 어떤 사람은 자기도 모르게 일본인 지인에게 오랜 기간 민폐를 끼친 것을 뒤늦게 깨닫고 두려워하기도 한다.

인간관계에서는 이렇듯 한쪽이 일방적으로 다치는 관계보다 서로 제때 다치고 제때 깨닫는 관계가 건강하다 말할 수 있다. 피드백을 그때그때 주고받아야 곧바로 문제를 해결할 수 있기 때문이다. 자신의 의도와 다르게 1년 동안 상대방에게 민폐를 끼친 것도 바로 피드백의 적분 신호(민폐×1년)가 자신에게 전달되지 않았기 때문이다.

●

10만 톤이 넘는 크루즈 여행선이나 컨테이너선 등 초대형 선박을 부두에 안전하게 접안시킬 때는 경력이 10~20년차가 되는 선장이 도선사가 되어 오랜 경험과 기술을 활용해 매우 조심스럽게 진행한다. 도선 작업이 서투르면 다른 선박과의 충돌, 부두의 파손, 부두 물류수송의 마비를 가져오므로 섬세하고 숙련된 기술이 필요하다. 주로 도선은 대형 선박 주위에 출력이 좋은 작은 배를 배치해 선박을 밀면서 서서히 부두로 몰아가면서 진행된다.

선박과 부두 간의 거리는 시간의 함수(결과함수)다. 도선용 배를 몰 때는 세 가지 값을 기준으로 사용한다. 결과의 현재값, 결과에 대한 시간의 미분값, 제어·행동함수의 최근 몇 초 동안의 적분값이다. 첫 번째 값이 제어에 사용되는 것은 너무나 자명하다. 크루즈 선박의 외벽과 부두의 거리를 2미터로 유지하려 하고 현재 거리가 100미터라면 당연히 배를 부두로 더 밀어야 하며, 반대로 현재 거리가 1.5미터이면 배를 부두로부터 떼어내야 한다.

다음으로, 배와 부두 사이의 거리가 5미터고 배의 현재 속력(거리의 시간 미분값)이 초속 2센티미터인 경우와 초속 2미터인 경우가 있다. 이때 예인선이 컨테이너선에 가해야 할 힘은 절대로 같을 수 없다. 후자의 경우는 배의 거대한 관성으로 인해 도선사가 원하는 거리인 2미터를 지나쳐 부두에 충돌할 수 있으므로 오히려 반대 방향으로 힘을 가해야 한다. 따라서 제어에는 시간의 미분값이 필수적이다.

도로에서 승용차를 운행하는 중에 사거리에서 신호가 빨간불로 바뀌어 흰색 정지선에 정지할 때도 마찬가지 방식의 제어가 필요하다. 자동차와 정지선까지의 현재 거리는 시간의 함수다. 운전자가 거리의 현재값과 차량의 현재 속력(거리의 시간 미분값)을 모두 반영해 액셀이나 브레이크를 조작해야 한다. 예를 들어 정지선까지의 거리가 45미터인데 차가 시속 5킬로미터의 속력으로 서행 중이면 액셀을 계속 밟아야 한다. 하지만 차의 속력이 시속 70킬로미터라면 브레이크를 서서히 밟기 시작해야 한다.

설악산이나 지리산에서 2박 3일 종주를 해본 산악인들은 에너지를 내는 음식과 물을 자주 섭취해야 한다는 것을 경험으로 알고 있다. 이때 오랜 경험자들은 배가 아주 고파졌을 때 음식을 먹는 것은 효과적이지 않다는 것을 안다. 음식을 급하게 섭취했다 한들 소화 과정을 거쳐 에너지로 전환되기까지 시간이 걸리기 때문이다. 나도 학창 시절 대학산악부 활동을 하며 25~35킬로그램의 무거운 배낭을 메고서 지리산과 설악산 종주를 여러 번 다녀왔다. 보통 산행 중에는 사탕이나 작은 초콜릿을 60~90분마다 두세 개씩 끊임없이 먹었다. 걷는 행동이 체내 에너지를 고갈시키며 배고픔이라는 신호를 사람에게 보내기 때문이다. 이러한 배고픔도 당연히 시간의 함수다.

제어에 사용되는 적분값을 쉽게 이해하려면 장기 산행

중에 비상간식을 간간이 먹는 것을 떠올리면 된다. 내가 지난 일정한 시간, 예를 들어 2시간 동안 먹은 에너지바가 몸속에서 에너지로 바뀌려면 시간이 걸린다. 지금 당장 배고픔을 느끼더라도 지난 2시간 동안 에너지바를 3개 먹었다면 에너지바를 더 먹을 필요가 없다. 하지만 지난 2시간 동안 아예 먹지 않았거나 1개를 먹었다면 1개를 더 먹어야 한다. 이처럼 제어 행동(먹는 행동)이 결과값(배고픔)의 변화를 천천히 일으키는 경우에는 적분값을 반드시 고려해야 한다.

●

눈을 감고 평평한 운동장 한가운데를 걸어본 적이 있는가? 내 발을 보지 못하는 상태에서는 피드백을 받지 못하기 때문에 걷기가 매우 불편하다. 큰 상자를 가슴에 안고 계단을 내려갈 때도 마찬가지다. 상자가 시야를 가려 발과 계단을 보지 못해 두렵고 위험하기 때문이다.

인간관계를 넘어 일상생활을 비롯해 삶의 곳곳에 피드백 제어 장치는 필요하다. 누구나 긴 인생을 살다 보면 상승과 하강의 순간이 반복되면서 희로애락을 경험한다. 지금 당장 위기를 겪고 있다고 해도 결국 어떤 목표를 향한 피드백 시스템의 작은 오류에 불과하다. 눈앞의 작은 오류를 극복해 나가면서 삶을 완성해가는 것이 인생의 묘미이자 진짜 모습이다. 피드백 기술은 과학에도, 삶에도 필요한 고도의 기술이다.

정보는 위험을 감수할

값어치를 가지는가

기술 진보에는
대가가 필요하다

✦

#과유불급과 고밀도

1983년 한국에서 서비스를 시작한 무선 호출기는 호출한 사람이 호출기를 가진 사람에게 전화번호나 숫자로 된 간단한 메시지를 남기는 통신 방식으로 운용됐다. 발신자가 전화를 걸면 무선호출기가 진동을 하거나 삐삐 소리를 내어 호출기 소유자가 호출되고 있다는 것을 알려준다. 초기 신호음에서 차용해 삐삐라는 별칭을 갖게 됐다. 휴대전화와 달리 단방향 수신 장치인 무선 호출기는 수신자 측으로부터 반송되는 수신자의 위치 등의 정보가 없으므로 개인 정보 보호 측면에서 유리해 지금도 이 서비스를 선호하는 사람들도 있다고 한다.

●

20년 전에 삐삐를 분실하는 것은 주로 금전상 손실이었고 금액도 그리 크지 않았다. 하지만 스마트폰이 널리 보급된 오늘날 급하게 집을 나서면서 스마트폰을 두고 나오거나 분실이라도 하면 금전적 문제는 둘째치고 큰 낭패감이 먼저 든다. 지인뿐만 아니라 가족의 전화번호도 외우지 못하는 통에 스케줄 관리도 엉망이 돼버린다. 스마트폰이 자신의 분신과도 같아진 상황에서 분실하게 되면 소유자의 자아가 갑자기 사라지는 듯한 고통마저 느낀다. 심지어 해킹이라도 당해 개인 정보가 제3자에게 노출된다면 나와 연결된 이들에게까지 불편함을 초래한다.

스마트폰은 휴대전화에 카메라와 인터넷 기능이 더해져 기술의 혁신과 변화된 세상의 단면을 극명하게 보여주는 발명품이다. 개인 간 영상 통화, 인터넷 기능, 이메일 관리, 스케줄 관리, 아이디어 노트, 영상 기록 등 그야말로 손안에서 무한한 세상이 펼쳐진다. 하지만 스마트폰의 인터넷, 블루투스 등 통신 기능이 급격히 발전하면서 무선 통신을 통해 초고속으로 정보가 쉽게 전달되는 것은 물론, 해킹될 가능성도 높아졌다. 스마트폰에 저장된 정보의 양과 밀도가 너무 높아져 자칫 심각한 상황을 초래하기도 한다. 물리량이든 정보량이든 고밀도일수록 더욱 엄격한 관리를 요구하는 시대가 된 것이다.

●

고밀도는 폭탄을 만들어내는 핵심 요소이기도 하다. 핵폭발은 핵분열 원리를 응용한 물리 현상의 대표적인 예다. 핵분열의 연쇄 반응을 순간적으로 광범위하게 일으키는 것이 핵폭발이다. 100만 분의 1초 정도로 극히 짧은 시간 안에 핵분열이 일어나 중성자가 방출되고 질량이 감소하는 결과로 폭발이 생기는 것이다.

예를 들어 1킬로그램의 우라늄-235가 완전히 폭발하면 오늘날 가장 강력한 화약인 TNT(트리니트로톨루엔) 2만 톤에 필적하는 에너지가 발생한다. 자연에서 발견되는 우라늄 원자 중에서 가장 풍부한 우라늄 원자는 전체의 99.2742퍼센트를 차지하는 우라늄-238이다. 그다음으로 전체의

0.7024퍼센트를 차지하는 우라늄-235는 비율 면에서 희귀하며, 주로 원자력 발전소의 원료와 핵폭탄 제조에 많이 쓰인다.

우라늄-235는 핵분열을 할 수 있는 유일한 우라늄 원자다. 천연 상태에서 매우 적은 비율로 존재하기 때문에 정련 과정을 통해 우라늄-235의 밀도를 높인 옐로케이크yellow cake라는 농축 우라늄을 만들어낸다. 우라늄-235가 핵폭탄이 되려면 15~47킬로그램이 넘는 임계질량을 가져야 하는데 우라늄-235의 밀도를 높이는 장비는 국제법적으로 엄격히 규제되고 있다. 이러한 우라늄의 밀도와 질량을 높인 것이 바로 원자폭탄이다.

●

우리나라에도 전기자동차 보급이 늘면서 전기자동차의 화재 사고 뉴스가 종종 보도되곤 한다. 주로 급작스럽게 화재가 발생해 진압이 매우 어려운 사고가 많이 발생한다. 전기배터리에 에너지가 아주 높은 밀도로 저장돼 있는 탓에 에너지가 소진될 때까지 화재, 즉 에너지 방출이 유지되기 때문이다. 가연성 기체도 폭발 한계 밀도가 있다. 상온의 공기 속에 메탄 기체가 5퍼센트 이하로 존재하면 폭발 위험성이 없지만, 메탄의 밀도가 임계값을 넘으면 폭발 위험성이 기하급수적으로 올라간다. 전기자동차의 전기배터리도 에너지 밀도가 굉장히 높기 때문에 화재 진압에 어려움을 겪는 것이다.

바닷속을 유영하는 스킨스쿠버들이 사용하는 산소통은 일반적으로 3~18리터의 내부 부피를 가진다. 산소통을 충전할 때는 183~300기압 범위 내에서 공기를 채운다. 주로 압축공기보다 혼합가스를 사용하는 경우가 많다. 그런데 혼합가스의 산소 농도가 대기 속 수준과 달리 21퍼센트보다 높아지면 잠수부에게 매우 위험하다. 그래서 산소통을 충전할 때는 산소를 21퍼센트의 농도로 채우고 나머지를 화학적으로 안정된 기체인 질소, 아르곤, 헬륨 등으로 채운다. 고농도 산소는 산소통의 폭발을 일으키기도 할 뿐만 아니라 산소통의 재료인 철을 부식시키기도 한다. 따라서 순수한 산소는 병원에서 의학적으로 제한된 경우에만 사용한다. 만약 장시간 고순도 산소에 노출되면 산소 중독을 일으킬 수도 있으니 주의해야 한다.

스마트폰의 고밀도 정보를 제대로 관리하지 못하면 개인 정보의 노출 위험이 있지만, 고밀도의 정보를 잘 활용하면 일상생활에 도움을 주는 좋은 데이터 역할을 할 수 있다. 차량 운행 시의 정보를 수집하는 차량 블랙박스는 교통사고가 날 때 법적으로 매우 중요한 증거 자료가 된다. 최근에는 블랙박스 기능의 향상으로 인해 기록 정보의 밀도가 굉장히 높아졌다. 이러한 정보들이 치안에 도움을 주기도 한다. 실제로 경찰이 범죄자의 도주로를 파악할 목적으로 내 차량의 블랙박스를 살펴보자고 요청한 적도 있다.

하지만 블랙박스에 찍힌 인물의 적극적 동의나 인지 없이 밀도 높은 정보를 획득하게 되므로 부작용도 자연스럽게 나타나기 시작했다. 블랙박스에는 보행자를 비롯해 타인의 정보들이 어쩔 수 없이 함께 기록된다. 예를 들어 차량 탑승자의 대화도 녹음 옵션을 꺼두지 않으면 기록된다. 카메라 방향을 바꾸면 동승자의 시각 정보를 기록하는 것도 어렵지 않다. 요즘은 블랙박스의 통신 기능이 좋아져서 스마트폰으로도 영상 정보를 받아 볼 수 있다. 이처럼 블

「연과 기밀 정보는 전화선에 두지 말 것」 포스터(1964)

랙박스의 대용량 고밀도 정보를 잘못 활용하면 다른 사람의 통신과 감청기기에 노출될 가능성도 있다.

●

기술의 진보는 양면성을 지닌다. 고밀도 기술의 발전과 더불어 우리는 개인 정보 문제를 더 세심히 다루고 있을까. 안전을 중요시하는 서양의 몇몇 선진국 국민은 개인 정보 처리를 넘어 정보를 너무 많이 고밀도로 모으는 것 자체를 위험하다고 생각한다. 하지만 정부나 산업계에서는 안전과 이익을 위해 개인 정보를 체계적으로 모으고 관리하는 것을 점점 더 선호한다.

2010년 미국 오크리지 국립연구소를 방문했을 때 직원들의 방에서 이런 문구를 본 적이 있다.

'안전을 위해 자유를 희생한 사람은 둘 다 얻을 자격이 없다(Those who sacrifice freedom for safety deserves neither).'

한 대의 스마트폰은 소유자뿐만 아니라 지인의 많은

개인 정보를 동의 없이 저장한다. 나는 넘쳐나는 데이터 속
에 살아가는 사람들에게 경각심을 주고자 위의 문장을 다
음과 같이 바꾸고 싶다.

'편의를 위해 개인의 정보와 안전을 희생한 사람은 둘
다 얻을 자격이 없다(Those who sacrifice privacy/safety for
convenience deserves neither).'

용수철 법칙과 닮은

인간의 생존 법칙

한번 늘어난 용수철은
제 모습으로 돌아가지 못한다

✦

#무한 경쟁 사회와 용수철 법칙

힘은 물체의 모양이나 운동 상태를 변화시키는 원인이
다. 유리를 망치로 때리면, 즉 힘을 가하면 유리가 산산조
각이 나고 모양이 변한다. 공에 힘을 가하면 공의 속도가
변한다. 또 용수철에 힘을 가하면 용수철이 늘어나거나 줄
어든다. 이런 힘에 의한 물체의 모양 변화를 변형이라고 부
른다. 고체에 힘을 가해 변형시키는 경우, 힘의 크기가 어
떤 한도를 넘지 않는 한 변형의 양은 힘의 크기에 비례한다
는 법칙이 용수철 법칙, 즉 훅의 법칙이다. 여기서 핵심은

'힘의 크기가 어떤 한도를 넘지 않는 한'이라는 조건이다.

●

용수철 법칙에는 몇 가지 가정, 제한 조건이 존재한다. 첫째, 용수철의 질량이 추의 질량보다 무시할 수 있을 만큼 아주 작아야 한다. 둘째, 늘어난 용수철의 길이가 탄성한계보다 짧아야 한다. 용수철의 탄성한계는 외부 힘으로 변형된 물체가 힘을 없애면 본래대로 돌아가는 변형의 범위이고 대략 원래 길이의 1~2퍼센트 정도다. 탄성한계보다 용수철이 조금 더 늘어나면 용수철 법칙은 깨지고 복원력이 아주 복잡한 함수의 형태를 띤다. 탄성한계보다 훨씬 더 길게 늘어나면 원래 길이로 돌아가지 않고, 종국에는 끊어진다. 많은 물리 법칙을 무조건 따라야 할 이유는 절대로 없다. 세상이 움직이는 어느 순간을 설명할 수 있는 모델이 있을 뿐이며 단순화를 위해서 몇 가지 가정이 들어간다.

공기나 물과 같은 유체 속에서 움직이는 물체가 받는 저항력은 속력에 비례한다는 물리 법칙이 있다. 이 법칙은 속도가 느릴 때에만 성립한다. 사람이 던지는 야구공의 속력에 비유할 수 있다. 자연계에서는 이런 경우가 제법 많이 일어난다. 속력이 느릴 때에는 마찰력이 작으므로 야구공이나 테니스공의 온도가 거의 변화하지 않고 속도만 변화한다.

한편 속도가 빨라지면 저항력은 속도의 제곱에 비례한다. 고속주행하는 자동차의 경우에 해당한다. 속도가 훨씬 더 빨라지면 속도의 세제곱에 비례한다. 또한 훨씬 더 빠른 속도의 영역으로 들어오면 열이라는 새로운 물리 현상이 등장한다. 미사일이나 우주왕복선처럼 음속을 초과하는 초고속도에서는 어마어마한 공기의 저항력으로 인해 우주선의 앞부분이 섭씨 2000도 이상으로 가열된다.

즉 공기와 같은 유체에서 발생하는 마찰력은 각각의 속도 영역에 따라 새로운 공식을 적용해야 한다. 또한 마찰력이 생기면 물체의 운동의 변화뿐만 아니라 다른 물리 현상, 대표적으로 온도가 크게 변화하는 현상이 동반된다.

자연 현상에서 일어나는 현상을 단순화시켜서 가장 핵심적이고 결정적인 것만 보려고 할 때에도 조건이 존재한다. 중력장하에 존재하는 물체의 포물선 운동(공을 던진다)에서는 물체의 크기와 공기의 마찰력을 무시한다는 조건을 부여한다(대학입시 물리과목에서 이 가정은 항상 한 문제 이상 등장한다). 그러면 수평 방향의 등속직선 운동과 수직방향의 등가속도 운동의 결합으로 인해 공의 궤적은 정확한 포물선을 그린다. 여기에서 크기를 무시하는 이유는 공의 회전 운동을 집어넣으면 매우 복잡해지기 때문이다. 그래서 많은 물리 법칙들은 절대적이지 않으며 그 법칙이 적용되는 조건들이 존재하는 것이다. 올림픽 체조 경기나 다이빙 경기와 같은 물리적 현상에서 사람의 복잡한 회전 운동을 제어하는 방식을 떠올리면 이해하기 쉽다.

●

중·고등학교에 있는 매점은 학생들이 일과 시간 중에 학교 밖을 나가지 못하므로 독점적 지위를 누린다. 유명한 관광지에 놀러 간 관광객들 또한 독과점 업체의 바가지 가격에 시달린다. 이런 경우 서비스 업체가 여럿 생겨나 경쟁이 치열해지면 독점일 때와 비교해 서비스가 나아질 것이라 생각하기 쉽다. 과연 자동차 업체가 하나일 때보다 여러 곳일 때 자동차의 품질이 좋아지고 합리적인 가격에 판매될까?

업체 간 경쟁이 너무 치열해지면 다른 새로운 경쟁 법

「The builders」, 페르낭 레제

칙이 생겨난다. 바로 생존의 법칙이다. 살아남기 위해 편법과 반칙이 경쟁 체제를 지배하는 경우도 발생할 수 있다. 기업 간 담합, 무자격자에 의한 의료 시술과 수술 같은 일이 일어나기도 한다. 실제로 편법과 반칙이 횡행하게 되면 정상적인 상태로 돌아가기가 매우 어려워진다. 물리 법칙인 용수철 법칙이 사회에도 적용되기 때문이다. 즉 인간의 생존 경쟁이 치열해져 편법이 늘어나면 너무 늘어난 용수철처럼 원래대로 돌아가기 어렵다.

어떤 법칙이나 모델은 자연 현상이나 사회를 자세히 관찰하고 해석하기 위해 만들어진다. 그러나 완전히 다른 자연 현상이나 사회가 해당 법칙이나 모델에 맞게 돌아가야 할 이유는 전혀 없다. 대개 법칙이나 모델에는 그것이 잘 들어맞는 전제조건들이 있다. 해당 전제조건을 만족시키지 않는 자연 현상이나 사회에서는 법칙이나 모델이 깨지는 것이 당연하다.

일회용품 사용은

왜 도둑질과 유사한가

구매하고 50년 뒤
결제하는 시스템의 함정

◆

#지속가능성과 유지 비용

자본주의는 이윤 추구를 목적으로 자본이 지배하는 경제 체제다. 생산과 소비로 유지되고 빚으로 돌아가는 경제 체제에서 자본이 큰돈을 벌기 위해서는 생산, 소비, 빚이라는 각각의 요소가 왕성하게 순환해야 한다. 따라서 자본주의는 소비와 욕망을 절제하는 이들을 싫어한다. 미니멀리스트는 자본주의의 적이라 할 수 있다. 그보다는 맥시멀리스트, 즉 절제를 절제하는 사람들을 최고로 좋아한다.

봉이 김선달이 대동강 물을 팔아먹은 이야기는 지금도 인용되는 유명한 일화다. 무료 재화인 물에 세를 붙여 팔았으니 대단한 발상이지만 본질은 사기나 도둑질에 가깝다.

물건을 파는 대기업은 소비자들이 더 큰 욕망을 가지도록 부추겨 거부를 축적한다. 지난달에 벌어놓은 돈으로 물건을 구매하는 것을 넘어 다음 달에 벌 돈으로 사람들이 미리 소비하게 만들면 대기업은 돈을 더 벌 수 있다. 대표적인 수단이 신용카드다. 신용카드는 과거의 내가 미래의 내가 벌 돈을 소비하는 것이므로 소비자들의 시간을 도둑질하는 셈이다.

내가 좋아하는 지구·환경 보호 슬로건이 있다.

"오염되지 않은 깨끗한 자연은 선조에게 물려받은 것이 아니라 후손들에게 빌린 것이다."

그런 의미에서 보면 일회용품 사용도 도둑질이다. 머그잔을 가지고 다니면서 커피숍에서 커피를 마셔야 한다면 머그잔을 들고 다니는 수고, 또 음료를 받기 전후에 머그잔을 세척하는 수고라는 비용이 추가로 든다. 일회용품은 이러한 불편함을 없애주는 편리한 도구다. 하지만 일회용품에 사용된 플라스틱은 지구 곳곳에 차곡차곡 쌓여서 오래도록 존재한다.

또 화장품 등에 함유된 아주 작은 미세 플라스틱 조각은 하수도를 통해 강과 바다로 흘러 들어가 수생생물의 몸에 축적된다. 먹이사슬의 제일 꼭대기에 있는 인간은 지금은 미세 플라스틱에 덜 오염된 생선을 먹을 수 있을지 모른다. 그렇더라도 시간이 지나 더 많은 미세 플라스틱이 수생생물들의 몸에 축적되면 미래 세대는 지금보다 더 오염된 생선을 먹을 수밖에 없다. 즉 미래의 세대가 오염되지 않는 생선을 먹을 권리를 현재의 우리가 박탈하는 셈이다.

오늘날 대한민국의 대다수 젊은이들이 결혼과 출산을 주저하게 만드는 요인 중 대표적인 것이 내 집을 마련하기 어려운 현실이다. 부동산 폭등은 지속가능성이 없는 경제 흐름이 자명하다. 하지만 인간의 탐욕은 간단한 진리마저 보지 못하게 만든다. 인류의 지속가능성에 대해 예측할 때 핵폭탄, 생화학 무기 같은 대량 살상 무기 등이 주로 거론

되지만 출산율을 폭락시키는 원인으로 지목되는 광범위한 부동산 투기도 간접적이지만 충분히 위협적인 요인이 된다. 미래의 신생아들이 경제적 이유로 인해 태어나지 못한다면 지금의 세대가 미래 세대에 빚을 지는 셈이다.

●

대학원 시절에 박사 지도 교수님이 유럽의 적층적인 부에 대해 알려준 일화가 있다. 교수님은 유럽의 한 와인 농가를 방문했을 때 와인을 대접받았는데 당시 지하 와인 저장고에는 여러 개의 방과 저장 시설이 있었다. 농가 주인의 아버지가 30년 전에 와인 5천 병을 저장해둔 곳이었다. 그해 주인은 그중 500병을 가족들과 마시고 나머지는 시장에 내다 팔았다. 오랜 숙성 기간을 거친 덕분에 농가의 주인은 와인을 비싼 값을 받을 수 있었다.

농가 주인은 아버지의 와인 생산 방식을 이어받아 그해 또다시 5천 병을 생산해 저장고에 집어넣었다. 그러면 30년 뒤 농가 주인의 자식은 숙성된 와인을 즐기거나 내다 팔아 가족을 잘 부양할 수 있다. 만약 농가 주인이 그해 생산한 와인 5천 병 중 500병을 마시고 4,500병을 모두 시장에

「탐욕스럽고 게으르며, 온건하고 근면한」, 찰스 벌랏

내다 판다면 숙성도가 부족해 자기가 마시는 와인도 만족스럽지 못할 뿐만 아니라 시장에서 판매하는 가격도 낮을 수밖에 없다. 영어식 표현으로는 '입에 풀칠하다(live from hand to mouth)'라고 한다. 그날 벌어서 그날 먹는 일용직의 삶이다.

탄성한계를 넘어버린 용수철처럼, 사회에 불필요한 욕구를 광범위하게 확장하는 시스템, 즉 팽창을 기본으로 설계된 시스템을 돌아볼 때다. 내가 젊었을 때는 부족함도 풍부하고 기회도 풍부했다. 부족함이 풍부했으니 참을성을 길렀고 노력하면 될 것이라는 믿음이 있어 사회에 나갈 준비를 열심히 했다. 대학을 졸업하고서도 기회가 풍족한 편이었다. 반면 요즘 젊은이를 보면 부족함도 부족하고 기회도 부족한 것 같아 기성세대로서 미안함을 느낀다.

●

미래 세대가 누릴 권리를 박탈하는 현상은 금융계에서도 쉽게 찾아볼 수 있다. 양적 완화는 경기침체로 정책 금리를 제로 수준까지 낮췄음에도 불구하고 시장에 돈이 돌지 않을 때 화폐 발권력을 지닌 중앙은행이 화폐를 찍어내

시장에 돈을 공급하는 정책이다. 일본은 '잃어버린 10년' 시기의 경기침체에서 벗어나기 위해 공적 자금 투입과 같은 전통적인 경기침체 타개책을 펼쳤지만 효과를 보지 못하자 2001년 처음 양적 완화 정책을 시행했다. 이후 2008년 세계 금융위기를 맞아 미국과 유로존도 양적 완화 정책을 단행했다.

미국은 양적 완화 정책으로 경기회복 효과를 본 이후 2014년 10월 3차에 걸친 양적 완화를 종료하고 출구전략에 돌입했다. 반면, 2016년 5월 현재 아직 양적 완화의 정책적 효과를 보지 못한 일본과 유로존은 여전히 양적 완화 처방을 실시하고 있었다. 하지만 양적 완화의 여파로 전 세계 물가와 부동산이 폭등하기 시작했다. 이후 양적 완화가 제도권 국제 금융이 저지르는 도둑질이라는 인식이 확산되면서 미국 월스트리트에서는 점거운동occupy movement이 일어났다.

특히 어느 정도 경제력은 있으나 땅이 좁고 인구 밀도가 아주 높은 한국에서는 부동산 폭등이 가장 심하게 일어났다. 초저금리로 많은 돈을 찍어내 시장에 공급하다 보니 부동산 자산에 대한 투기가 대세이던 시절이다. 쉽게 말해 투자 대비 수익보다 투기 대비 수익이 더 컸기 때문이다. 하지만 선진국이 출구전략에 돌입하자 금리가 오르면서 우리나라 정부에서는 금융 시장을 지키기 위해 울며 겨자 먹기(?)로 금리를 올리지 않을 수 없었다. 그 결과 대출로 아파트를 산 수많은 사람이 국내외 금융 세력에게 강제로 급여의 상당 부분을 뜯기게 됐다.

●

부가티 베이론처럼 가격이 20억 원을 웃도는 슈퍼카는 1,000마력의 힘에 최대 시속 400킬로미터 이상의 성능을 자랑하지만 어마어마한 유지비가 든다. 타이어를 포함한 여러 부속품이 전부 매우 비싸기 때문이다. 최강의 공중 전투 성능을 자랑하는 스텔스 전투기인 F-22 랩터는 한 대당 가격이 2,000억 원에 육박한다. 미국도 F-22 랩터의 구매 비율을 당초 계획보다 3분의 1 이하 수준으로 줄였다. 유지·관리 비용이 초기 구매 가격보다 훨씬 더 비싸져 현재는 생산이 중단된 상태다.

차세대 반도체 메모리를 연구하는 서울대 공대 황철성 석좌교수의 세미나를 들은 적이 있다. 최근 이동통신 기기를 생산하는 기술이 발달하면서 시장에서는 자연스럽게 고화질과 고용량의 동영상을 저장할 수 있는 고집적 메모리 수요가 폭증해왔다고 한다. 앞으로 5년 이내에, 메모리를 구동하는 데 필요한 에너지량만으로도 발전소가 제공하는 총 에너지량을 초과하게 된다는 내용이 가장 흥미로웠다. 발전 용량의 증가 속도가 고에너지를 사용하는 메모리 기술 발전의 속도보다 월등히 느리기 때문이다.

아인슈타인이 질량-에너지 등가 방정식, 즉 에너지는 질량에 광속의 제곱을 곱한 값($E=mc^2$)만큼 방출된다는 사실을 발견한 이후, 핵폭탄과 핵발전소가 만들어졌다. 폭증하는 에너지 수요에 대처하기 위해서는 생산 비용이 저렴한 핵발전소를 통한 에너지 생산이 필수라고 주장하는 사람들이 있다. 하지만 에너지 사용 비용에는 생산 비용뿐만 아니라 유지 비용과 사고 처리 비용, 폐연료 처리 비용 등이 모두 포함돼야 한다. 앞서 소개한 F-22 랩터처럼 핵발전소에도 상상을 초월하는 비용이 추가로 발생하는 이유다.

둘 사이에 차이가 있다면 F-22 랩터는 유지 비용이나 처리 비용이 10~20년간 드는 반면, 핵발전소는 향후 약 100년 동안 비용이 매우 크게 발생할 확률이 높다는 점이다. 따라서 핵발전소 개발에 따른 혜택은 현재의 세대가 누리고, 핵발전소의 유지 및 후처리 비용은 미래 세대가 지불할 확률이 매우 높다. 쉽게 말해 이번 달에 쓸 전기를 100년 할부로 구매하는 것과 같은 이치다.

더구나 핵발전소 사고가 날 경우 우리나라에서는 경상도 면적의 4분의 1을 수십 년간 사용하지 못하는 재앙이 벌어질 수도 있다. 핵발전소 건설과 운용에 따른 사고를 100퍼센트 막을 수 있는 기술은 미신에 가깝다. 모름지기 인간에게 혜택을 제공하는 기술이 거대하고 복잡할수록 더욱 인간이 떠안는 부담은 크기 마련이다.

●

아직까지 태양에너지와 풍력에너지 같은 신재생에너지는 경제적 효율성이 떨어진다. 핵발전소만큼 초기 비용이 저렴하지도 않고, 전력 생산의 절대량도 높지 않아 핵발전에너지의 대안보다는 보충 수단으로 받아들여지고 있다. 특히 우리나라는 태양에너지와 풍력에너지를 생산할 만큼 국토가 넓지 않아 더 불리한 상황이다.

아무런 책임의식 없이 내일 쓸 전기를 100년 할부로

구매하는 결정을 내려선 안 된다. 소비할 때는 현재 얻는 이득뿐만 아니라 미래에 발생할 손실도 따져야 합리적이다. 당장 생산 비용은 적게 들지만 앞으로 유지 비용이 많이 든다면 어떻게 할 것인가. 일회용품이 오늘의 편리함을 선물하는 대신 다음 세대가 지구에서 살아갈 가능성을 빼앗아간다면 어떻게 할 것인가.

핵발전소를 반대하는 사람들에게 찬성하는 사람들은 "그래서 대안이 무엇인가?"라는 질문을 가장 많이 던진다. 현재까지 만족할 만한 대안은 없다. 그러나 나는 "그 질문에 만족하는 대답이 꼭 있어야 하는가?"를 묻고 싶다. 애초에 질문 자체가 잘못된 것은 아닌지 생각해봐야 한다. 에너지 문제를 다룰 때는 현재의 에너지 생산을 대체할 수 있는 기술에 대한 질문보다 새로운 질문을 제기해야 한다. "에너지 수요를 어떻게 줄일까?"가 바로 앞으로 우리가 고민해야 할 올바른 과제가 아닐까.

확률과 기댓값은

어떻게 손해를 막는가

이미 배운 쉬운 산수는
정답을 알고 있다

✦

#판교 신도시 청약과 조건부확률

우리나라에는 특히 부동산으로 벼락부자가 된 이들이 많다. 지하철이 뚫리고 일자리가 늘어나고 신도시가 개발되는 뉴스라도 들리면 인근은 물론 멀리서도 부동산 원정길에 오른다. 2006년, 경기도 성남의 판교 신도시 청약 경쟁이 전국적으로 큰 관심을 끌었다. 판교 신도시는 분당보다 서울에 가까워 입지가 좋았고 교통도 편리했다. 부동산 값 폭등으로 기대 수익을 노린 이들이 판교 청약에 몰렸다. 당시 1만 가구 분양에 50만 명이 지원하며 청약 경쟁률은 최고 2,000 대 1까지 치솟았다. 이미 잘 알려진 것처럼 청약 당첨자들은 평균 약 3억 원에 달하는 수익을 얻으며 부동산 공화국이라는 신화의 한 페이지를 추가했다.

확률론에서 기댓값은 각 사건이 벌어졌을 때의 이득과 그 사건이 벌어질 확률을 곱한 것을 전체 사건에 대해 합한 값이다. 학창 시절 배운 것을 제대로 적용하기만 했어도 판교 신도시에 내 집을 마련하는 일이 좀 더 수월했을지도 모른다.

●

판교 청약은 확률과 기댓값을 가장 잘 이해할 수 있는 대표적인 사례다. 간단한 산수만 할 수 있으면 누구나 기댓값을 구할 수 있다. 100 대 1의 경쟁률을 뚫어야 하는 아파트 청약을 생각해보자. 기댓값은 '3억 원/100=300만 원'이다. 무주택자가 당첨 확률이 훨씬 더 높으니 집 구매가 급한 유주택자들은 집 구매를 미뤘다.

청약이 끝난 후 청약에 실패한, 투기가 아닌 실거주를 목적으로 집을 찾았던 많은 이들은 판교 인근이나 성남에 집을 급히 마련해야 했다. 수요와 공급의 원리에 따라 또는

「확률 이론」, 제이슨 드 그라프

입지의 장점 덕분에 10억 원짜리 아파트가 12억 원으로 급등하는 일은 어쩌면 예정된 미래였다.

만약 청약을 포기하고 대출로 10억 원짜리 아파트를 샀다면 기댓값은 얼마일까? 기댓값은 '2억 원×1=2억 원'이다. 청약을 했을 때의 기댓값보다 무려 70배에 가까운 수치다. 기댓값을 배웠지만 이를 적용하지 못한 수십만 명 중에는 분명히 학교 때 배운 확률과 기댓값의 법칙을 기억하는 이들도 많았을 것이다.

집 구매를 미루고 청약에 도전한 이들이 기댓값을 정확히 이해하고 그러한 결정을 내렸는지는 알 수 없다. 하지만 그들이 판교 인근의 주택을 선택해 기댓값이 훨씬 높은 10억 원짜리 아파트를 샀다면 결과적으로 현명한 선택을 한 셈이다. 사람들이 몰릴 만큼 수요가 있던 시기, 쉬운 산수를 적용만 했어도 내 집 마련이라는 기회를 잡을 수 있었다.

●

판교 청약 사례를 통해 기댓값은 확률과 상금의 곱으로 주어지고, 이 계산식을 통해 합리적 행동을 선택할 수 있다는 사실을 알게 되었다. 이제 가장 유명한 세 가지의 경우를 살펴보자.

〈조건부 확률1: 암 진단의 정확도〉

암에 걸릴 확률이 '0.5퍼센트=5/1000'이면 1,000명 중 5명이 암환자다. 검사의 정확도는 '실제로 병이 있는 경우 병이 있다고 정확히 판정할 확률'이 95퍼센트이고, '실제로 병이 없는 경우 병이 없다고 정확히 판정할 확률'이 99퍼센트라고 가정해보자.

간혹 치료 불가능의 말기암 판정을 받고서 재산과 삶을 정리하고 여행을 떠났다가 멀쩡히 돌아와서 재검을 받아보니 암이 아니었다는 뉴스를 보게 된다. 단순히 여행이 준 기적이 아니라 확률을 제대로 이해하지 못한 무지의 결과일 뿐이다. 어떤 사람이 검사 결과 암이 있는 것으로 양성 판정을 받았다고 하자. 이때 그는 실제로 암에 걸려 있을 확률이 32퍼센트밖에 되지 않으니 반드시 더 높은 정확도로 검사하는 병원에서 재검사를 받아야 한다. 32퍼센트의 확률이 의미하는 바는 무엇일까?

우선 1,000명의 사람이 있다고 가정하자. 5명의 환자 중에서 진단을 받아 암으로 판정받는 사람은 4.75명(=0.95

×5)이다. 995명의 비환자 중에서 암으로 판정받는 사람은 무려 9.95명(=0.01×995)이다. 따라서 1,000명이 모두 암 진단을 받게 되면 암으로 판정받는 사람은 총 14.7명이다. 그 중에서도 진짜 암환자는 4.75명이다. 따라서 암진단을 받은 사람이 진짜 환자일 확률은 '32퍼센트=4.75/14.7'이다.

더 정밀한 장비를 마련해 확률의 정확도를 99퍼센트가 아니라 99.9퍼센트로 올리면 어떻게 될까? 암진단을 받은 사람이 진짜 암환자일 확률은 '83퍼센트=4.75/5.745'이다. 이를 풀어서 설명하면 '0.95×5/(0.95×5+0.001×995)=0.83' 이다.

단 한 번의 진단을 믿고 재산을 처분한 채 마지막 여행을 떠나기에는 부족한 숫자다. "자나 깨나 불조심, 꺼진 불도 다시 보자"라는 구호를 조금 바꿔 "자나 깨나 암조심, 진단 받은 암도 다시 검진하자"라고 바꿔야 할지 모르겠다.

〈조건부 확률2: 자동차 사고 사망자와 안전띠〉

자동차 사고로 사망한 사람의 40퍼센트는 안전띠를 매지 않았다고 한다. 이를 뒤집어 보면 자동차 사고로 사망한 사람의 60퍼센트는 안전띠를 매고도 죽었다는 뜻이다. 그렇다면 안전띠가 더 위험한 것이 아닐까?

100만 명의 사람 중 대략 100명이 교통사고로 사망한다고 가정해보자. 이들 중 60명은 안전띠를 맨 사람이고 40명은 안전띠를 매지 않은 사람이다. 그런데 100만 명 중 운전자의 95퍼센트가 안전띠를 맨다면 95만 명이 안전띠를 매는 것이다.

즉 안전띠를 맨 사람 중 사망할 확률은 '60명/95만 명 =1/16000'이다. 그리고 안전띠를 매지 않은 사람 중 사망할 확률은 '40명/5만 명=1/1250'이다. 계산 결과를 보면 안전띠를 맸을 때 사망률이 10배 이상 감소한다는 것을 알 수 있다.

〈조건부 확률3: NFL스타 O. J. 심슨의 무죄 확률〉

1990년대 미국 스포츠 스타 3명을 꼽으라면 농구의 마이클 조던, 골프의 타이거 우즈, 미식축구 선수 O. J. 심슨이다. 1994년 6월, 심슨의 아내가 집에서 살해를 당했다. 당시 선수 생활을 은퇴한 심슨은 평소 아내와의 불화, 가정 내 폭력의 용의자로 지목됐지만 무죄로 풀려났다.

심슨의 재판 당시 변호사는 "미국에서 아내가 남편에

게 폭력을 당해 죽을 확률은 0.1퍼센트보다 훨씬 낮다" 또는 "부인을 폭행한 남편이 부인을 살해할 확률은 1/2500이다"라는 확률의 논리를 내세우며 방어를 했다. 그러나 변호사는 확률을 잘못 적용하고 있었다. 심슨의 부인은 이미 죽어 있었다. 그리고 부인이 집에서 살해당한 경우 범인이 남편일 확률을 계산하려면 분모에는 '미국 내 아내의 수'(①)와 '미국 내에서 남편에게 폭행을 당한 적 있는 아내의 수'(②)가 아니라 '미국 내 가정에서 살해당한 아내의 수'(③)가 돼야 한다. 이때 분자는 '미국 내 가정에서 남편에게 살해당한 아내의 수'이다.

즉 미국 내 가정에서 죽은 아내의 범인이 남편일 수도 있고 남편이 아닐 수도 있다. 통계로 보면 미국 내 가정에서 살해당한 여성 중에서 죽은 아내가 가정폭력의 전력이 있는 남편에 의해 살해됐을 확률은 약 90퍼센트로 매우 높은 확률값이다. 무죄를 받기 위한 변호사의 의도된 방어 전략이지 않았을까.

●

확률과 기댓값은 비교적 간단한 계산이지만 막상 수만

명, 수십만 명 단위로 일어나는 사건 사고나 수억 원의 이익이 달린 일에서조차 이 간단한 계산을 해보지 않아 큰 손해를 보기도 한다. 암 진단이나 자동차 안전 사고에서도 확률을 모르면 어이없는 선택을 하고 크게 낭패를 당하는 것처럼 말이다.

질서는 편하고 아름답다는 인식이 있지만 결코 질서는 편하지 않고 아름답지 못하며 주의를 늘 기울여야 보장된다. 방금 전에 살펴본 조건부 확률 계산을 포함해서 말이다. 이런 사회적 비용을 들일 때 우리는 가장 소중한 가치들을 더 잘 지켜내며 위험을 피해갈 수 있다.

진짜와 가짜를

구분할 수 없게 된다면

새로움은
위험을 동반한다

✦

#새로움의 양면과 딥 페이크 기술

2022년, 전 세계적으로 인기를 끌고 있는 미국 오디션 예능 「아메리카 갓 탤런트^AGT」에서 40여 년 전에 죽은 대중음악계의 우상 엘비스 프레슬리가 부활했다. 사람들은 진짜 같은 그의 모습과 목소리에 열광하면서 과학기술의 위력에 다시 한번 감탄했다.

프레슬리의 환생은 딥 페이크^deep fake 기술로 재탄생했다. 딥 페이크는 사진이나 영상에 있는 사람을 다른 사람의 모습으로 대체하는 일종의 합성 미디어 기술이다. 최근 들어 이러한 가상현실 기술이 크게 주목받고 있다. 모의 운전 연습, 모의 수술 연습, 모의 우주 여행 등 새로운 가능성을 광범위한 영역에서 실현시켜주는 기술로서 긍정적 영향이 기대되는 분위기다.

●

야생동물은 본능적으로 새로움과 낯섦을 경계한다. 반면 인간이란 동물은 뇌의 용량이 크고 생존에 대한 자신감이 다른 동물에 비해 상대적으로 높아 새로움과 낯섦을 동경하는 경향을 보인다. 인공지능을 대하는 인간의 심리도 마찬가지다. 인공지능이 실현할 가능성에 주목하는 인간의 마음이 인류 발전의 원동력으로 작용한다.

반면 인간의 심리와는 달리 권력은 새로움과 낯섦을 경계한다. 새로운 것이 등장해 자기네 이익을 침해하지 않을지 우려한다. 언젠가 지인들에게 물로 에너지를 만드는 기술이 개발된다면 무슨 일이 벌어질지 물어본 적이 있다. 모두 환경적·경제적 측면을 고려해 긍정적 미래를 전망했다. 그런데 여기서 우리는 에너지를 개발하는 신기술을 처음으로 개발한 이들이 석유를 가진 세력에 의해 제거될 가능성은 없는지라는 재미난 질문을 던져볼 수 있다.

열강의 식민지 쟁탈전이 한창이던 시기에 열강의 오지 탐험대는 오지에 있을 '다름'을 찾아 나섰다. '다름'이자 '처음'을 의미하는 새로운 땅, 새로운 교역로, 새로운 자원을 찾아 나선 것이다. 최근에도 '다름'을 찾는 발길이 이어지고 있다. 새로운 의약품과 해독제, 생화학 무기를 만들기 위해 오지의 생물 자원을 찾아 나서는 무리들이 존재한다. 새로움과 낯섦을 동경하는 인간의 심리가 인간의 기술을 발전시킨 것은 거부할 수 없는 사실이다. 하지만 새로운 기술이 인류 전체의 발전에 기여하는 도구로 활용할지, 소수의 권력자나 사회에만 혜택을 선사하는 독점적 무기로 활용할지는 모두가 관심을 가져야 할 문제다.

●

딥 페이크 기술은 현재 사회적으로 가장 논란이 되고 있는 분야다. 1984년 개봉한 아널드 슈워제네거 주연의 영화 「터미네이터」에서 인류 전체를 말살하려는 인공지능 로봇 스카이넷Skynet이 등장했을 때 사람들은 영화적 상상력에 놀라며 열광했다. 하지만 이러한 가상의 존재가 현실에 나타날 가능성이 대두되면서 기술의 발전에 따른 문제와 두려움 또한 제기됐다. 딥 페이크 기술에서 가장 걱정되는 한 가지는 고성능의 영상·음성 기술이 진실과 거짓을 뒤섞어버린다는 것이다. 포르노 영상물에 특정 유명인의 얼굴을 합성하거나 심지어 평범한 사람이 앙심을 품거나 나쁜 의도로 일반인의 얼굴을 합성하는 범죄가 이미 현실화됐다. 아직은 합성 기술이 완벽하지 않아 적발되는 경우가 많지만 기술이 완벽해지면 끔찍한 일들이 벌어질 수 있다. 넘쳐나는 정보를 취합하고 분석해 가짜 뉴스와 옳은 정보를 분별하는 일은 이제 개인의 능력 범위를 벗어난 문제가 돼버렸다. 무색무취의 마약일수록 더 치명적이고 더 많은 범죄에 이용되는 법이다. 자칫 딥 페이크 기술이 악용된다면 인간이 마실 수 있는 물과 독을 섞는 것과 같은 일이 벌어질 수 있을 것이다.

●

약 40년 전까지는 내가 사는 동네의 식당, 마트, 공장들과 비교해서 경쟁력이 있으면 살아남았다. 약 30년 전까지는 내가 사는 도시의 식당, 마트, 공장들과 비교해서 경

「우주는 가짜다」(2021), 빌 담 브로 바

쟁력이 있으면 살아남았다. 약 20년 전까지는 내가 사는 도(경기도, 경상도, 전라도 등)의 식당, 마트, 공장들과 비교해서 경쟁력이 있으면 살아남았다.

우리는 과거 개발도상국의 지위에서 벗어나 세계화라는 기조 아래 공간적 확장을 경험했다. 약 10년 전부터 국내의 공산품·농산품 생산자들은 시장에서 외국의 경쟁자들과 경쟁을 하게 됐다. 세계화는 시장의 세계화뿐만 아니라 경쟁의 세계화를 의미했다. 즉 세계화는 공간적 확장이다.

딥 페이크 기술의 파급력은 공간의 급격한 확장뿐만 아니라 시간의 급격한 팽창까지도 불러올 것이라 예견되고 있다. 예를 들어 앞으로 가요계에 진출하는 신인 가수들은 현존하는 가수뿐만 아니라 오래전에 타계한 엘비스 프레슬리, 마이클 잭슨, 비틀스 같은 전설적인 가수들과의 경쟁을 피할 수 없는 것이다. 물론 현재까지는 과거의 공연 현장과 노래하는 모습을 녹화한 매체들의 화질과 음질이 좋지 못해 인간의 눈과 귀를 완벽하게 속이지는 못한다.

하지만 음성과 영상 기술이 기하급수적으로 발달하고 있는 현 세대의 가수들은 자신의 노래, 연주, 공연을 생생한 초고화질의 기록으로 남기고 있다. 심지어 3D로 기록되기도 한다. 미술 분야도 마찬가지다. 미래 세대는 자신들의 세대뿐만 아니라 현 시대의 전설들, 전설적 공연, 미술품들과 경쟁해야 살아남을 수 있는 세상을 살게 될 것이다.

음악 분야는 벌써부터 기록과 재현 방식의 기술에서 상당한 발전을 이룬 상태다. 가까운 예로 내가 아는 부산대학교 물리학과의 한 교수님은 오디오와 관련된 벤처로 세계적인 성공을 거뒀다. 한번은 그가 나를 포함한 10여 명의 교수를 밀양에 있는 자신의 별장에 초대한 적이 있다. 그의 별장에는 오디오 내부의 금속 부품과 전선을 모두 단결정 금속 소재로 교체한 오디오 시스템이 있었다. 진공관 앰프는 물론, 에어 서스펜션으로 진동을 차단한 오디오 기기도 갖추고 있다. 당시 우리는 와인을 마시며 음악 감상을 했는데, 실제로 오케스트라의 S석에 앉아 있는 듯 착각을 불러일으킬 정도였다. 비단 오디오 시스템에 국한된 것이지만 딥 페이크에 제법 근접한 느낌이었다.

●

인간이 귀로 들을 수 없는 주파수대의 소리를 없애고 필요한 가청주파수대의 소리만 녹음하는 방식을 활용해 음악 공연을 훨씬 더 효율적으로 녹음할 수 있는 기술은 이미 오래전에 개발됐다. 물론 귀가 아닌 몸으로 공기의 진동을 느끼는 경우도 있지만 인간의 청각 기능은 그리 섬세하지 못해 쉽게 속일 수 있다.

반면 인간의 시각 기능은 너무나 대용량이고 정밀해 속이는 것이 불가능하다고 여겨졌다. 하지만 인간 바둑계의 최고수를 가볍게 제압하는 바둑 인공지능 프로그램 알파고가 등장한 이후로는 인간의 시각을 속이는 것도 그리 불가능해 보이지 않는다. 더욱이 인공지능은 대용량, 초고속 처리, 머신러닝 등의 특징을 가지고 있어 인간의 신체 기능으로 진짜와 가짜를 구분하지 못할 만큼의 결과물을 내놓을 수 있다.

자연을 맨눈으로 직접 보는 경우를 제외하면, 인간은 유한한 화소의 디스플레이 매체인 모니터, 텔레비전, 스마트폰 등을 통해 세상을 자주 접하는 만큼 결국 화소의 숫자 내에서 자유롭게 그래픽을 통제하면 사람이 진짜와 가짜를 구분할 확률은 점점 희박해진다. 창조, 왜곡, 삭제된 정보가 넘쳐나게 되면 브레이크가 고장 난 차를 운전하거나 랜딩기어가 작동하지 않는 비행기로 착륙을 시도하는 것만큼의 위험과 공포가 생겨난다.

●

인간의 시각 지능을 속이는 콘텐츠들은 주변에서 흔하게 찾아볼 수 있다. LG가 자사의 평면 디스플레이의 성능을 홍보하기 위해 해외에서 공개한 유튜브 영상(「Ultra Reality: What would you do in this situation?」)이 있다. 영상속 상황은 이렇다. 고층빌딩의 한 사무실에서 입사 면접이 이뤄질 예정이다. 사무실의 대형 창문을 LG의 디스플레이 제품으로 대체해 바깥 풍경이 보이는 것처럼 실내를 꾸몄다. 면접자들이 사무실로 들어와 의자에 앉아서 면접을 받으려는 순간, 창문으로 꾸며진 디스플레이 화면 속 도심 상공에서 갑자기 불을 뿜는 대형 운석이 지표를 향해 떨어진다. 이후 면접자들은 아연실색하며 도망가기 바쁜 모습이 펼쳐진다. 이 영상이 만들어진 게 벌써 9년 전이다.

만약 내가 면접자였다면 영상 속 면접자들처럼 쉽게 속지 않았을 것이다. 우선 내가 사무실에서 움직이며 눈의 위치가 바뀌는 동안 화면 속 대형 빌딩들의 위치가 바뀌지 않을 것이기 때문이다. 창밖의 도시가 실제라면 관찰자의 눈의 위치가 바뀌면 관찰자에게 보이는 풍경도 바뀌어야 한다. 아마도 입사 면접처럼 압박을 받는 상황이어서 미세한 부분을 놓쳤을지도 모른다(2부의 '내가 찍은 사진이 실제보다 덜 멋지다면'을 참고하면 좋다). 같은 원리로 아이맥스 같은 대화면이라면 관찰자의 움직임에 따른 피사체의 미세한 차이가 무시할 수준이 되므로 더더욱 눈치채지 못했을지도 모른다. 이처럼 시각적 딥페이크의 초기 버전은 이미 오래전부터 우리들의 옆에 와 있다.

시각적 딥페이크를 한층 더 현실적으로 만드는 기술이 바로 모션캡처 기술이다. 생물의 움직임을 모션캡처 기술을 이용해 구현할 수 있게 되면서 영화 「아바타」의 나비족, 「반지의 제왕」 시리즈의 골룸처럼 현실에 존재하지 않는 가상의 생명체들이 화면 속에서 자연스럽게 움직이는 장면을 연출할 수 있게 됐다. 또 특정 인물이나 특정 동물이 화성처럼 실제로 가보지 않는 장소에서 달리는 장면 같은 영상물도 만들 수 있다. 딥페이크와 모션캡처 같은 기술이 등장해 새로운 즐거움과 기회를 제공하게 된 것을 반겨야 하겠지만, 오히려 끔찍한 방식으로 오용될 우려가 앞서는 것이 현실이다. 당장 범죄 현장의 용의자가 가짜 정보를 만들어 자신의 알리바이를 증명하는 데 활용한다면 큰 문제가 발생할 수 있다. 신용은 사회를 안전하게 유지하고 지속적으로 발전시킬 수 있는 소중한 기반이자 가치 있는 사회적 자본이다. 영화 「매트릭스」에 나오는 현실과 상상이 뒤섞인 미래가 우리 앞에 다가올지도 모른다.

가설을 세우고 검증하는 과정에서 정설이 탄생한다

한석봉은 조선 중기 임진왜란 때 명나라와의 외교에서 붓글씨로 조선에 크게 기여한 서예가다. 정부 관료로서 그의 능력은 붓글씨만큼 뛰어나지 않았는데도 명장 이순신을 제치고 공신에 등록됐던 것을 보면 굉장한 명필이었음을 알 수 있다. 당시 대군을 이끌고 조선에 온 명나라 장수들은 군사비를 요구하지 않고 한석봉의 글씨를 요구하기도 했다.

이런 한석봉이 그의 어머니와 벌였던 대결 또한 매우 유명하다. 불 꺼진 방 안에서 한석봉은 글씨를 쓰고, 어머니는 떡을 썬다. 잘 알려진 바와 같이 이 대결은 한석봉 어머니의 승리로 끝나고, 충분히 붓글씨를 수련했다고 생각했던 한석봉은 반성한 뒤 다시 수련을 이어나간다.

여기서 전통적인 방식의 교훈이 등장한다. '한 분야의 대가가 되려면 5년은 짧다', '공부는 한자리에 오래 앉아서 집중하는 '엉덩이 힘'이다' 같은 것이다.

물리학자(또는 자연과학자)의 중요한 자질 중 하나는 일어난 '흥미로운 결과'를 설명할 수 있는 가설을 만드는 것이다. 고수나 명인이 되려면 최소 10년, 평균 20년 정도 수련해야 한다는 전통적인 가설보다 좀 더 과학적인 가설은 불가능할까? 처음엔 터무니없더라도 가설들을 세우고 검증한 뒤 더 나은 가설을 만들면 마침내 정설이라고 부를 수 있는 것들이 나오게 된다.

어떤 가설을 세우면 이 승부의 결과를 설명할 수 있을까? 물리학을 배운 내가 먼저 몇 가지 가능한 가설들을 나열해 보겠다.

가설 1: 한석봉의 어머니는 구미호였다

전설에 의하면, 깊은 산속에 사는 꼬리 아홉 달린 여우는 아주 오래 산 영물이라서 사람으로 둔갑해 남성과 혼인했다고 전해진다. 그런데 이 구미호라는 존재는 본래 여우여서 사람이 보는 가시광선 이외의 빛도 볼 수 있고, 심지어 빛의 세기가 약한 숲에서도 작은 동물들을 잘 볼 수 있다.

'본다'라는 감각은 외부 빛이 눈에 들어와 망막에 의해 인지되는 것을 의미한다. 여우의 눈을 구조적으로 보면 망막 뒤에 반사막이 존재한다. 이는 눈을 향해 들어온 외부 빛이 시신경을 한 번 지나쳐도 반사막에서 반사돼 망막에 놓인 시신경을 한 번 더 찾아갈 기회가 있음을 의미한다. 만약 외부 빛이 시신경을 두 번 지나친다면 다시 외부로 빠져나가고 만다. 밤에 눈을 반짝이고 있는 여우를 볼 수 있는 원리가 바로 이것이다.

다시 이야기로 돌아와 한석봉의 어머니가 구미호, 즉 여우였다면 불 꺼진 방 안에서도 떡을 볼 수 있었을 것이고, 당연히 대결에서 쉽게 승리할 수 있었을 것이다.

가설 2: 한석봉의 어머니는 배트우먼Bat woman이었다

박쥐는 초음파를 발생시키고 되돌아온 반사음을 이용해 어둠 속에서도 쉽게 사냥감의 위치를 파악할 수 있다. 만약 한석봉의 어머니가 배트우먼, 즉 박쥐였다면 호롱불이 꺼진 방 안에서 초음파를 이용해 떡과 칼의 위치를 알아차렸을 것이다.

가설 3: 한석봉의 어머니는 제다이 기사였다

영화 「스타워즈」에는 '죽음의 별Death star'이라는 행성형 무기가 나온다. 죽음의 별은 직경이 120킬로미터나 되는 초대형 요새로, 170만 명이 상주하는 규모를 자랑한다. 이는 현존하는 항공모함의 약 1억 배에 달하는 크기다. 주인공은 전자식 조준경이 아닌 '포스Force'를 이용해 죽음의 별의 유일한 급소를 찾아 미사일 한 발로 명중시켜 죽음의 별을 폭파했다. 만약 한석봉의 어머니가 제다이 기사였다면 불 꺼진 방 안에서 포스를 이용해 떡을 찾아 썰 수 있었을 것이다.

가설 자체가 황당한 것이 아니냐고 반문하는 이도 있

을 것이다. 과연 그럴까? 1905년, 아인슈타인은 "빛은 파동이면서 동시에 입자다"라는 가설로 광전효과를 설명하는 논문을 발표했고, 이 논문으로 1921년 노벨상을 수상했다. 이듬해 1922년, 노벨화학상을 수상한 닐스 보어는 아인슈타인의 광양자 가설은 황당한 가설이며 믿지 못하겠다고 이야기했다. 그러나 닐스 보어의 유명한 수소 원자 모델 또한 새로운 실험 결과를 설명하지 못했고 이는 양자역학이 탄생하는 계기가 됐다. 양자역학의 관점에서는 수소 원자 모델이 황당한 가설에 불과할 뿐이다.

지금으로부터 약 2500년 전, 엠페도클레스와 플라톤, 아리스토텔레스는 모든 물질은 물, 불, 공기, 흙이라는 네 가지 원소의 합성물이라고 주장했다. 그 후 이 주장에 대한 의심과 사유가 이어졌다. 또한 실험을 통해 '기본입자'를 중요하게 여기게 됐고 그 과정에서 물리와 화학이 발전했다. 지금도 다양한 과학 분야에서 '한석봉 어머니는 구미호' 가설처럼 황당해 보이는 가설이 만들어지고 있다. 그러나 반증 실험을 통해 가설을 검증하고 수정하며 보완해나가는 노력을 통해 과학은 계속해서 진보하고 있다.

물리학자의 두 번째 중요한 자세는 검증 실험^{counter} experiment을 디자인하고 실행하는 것이다. 가설 1과 가설 2를 검증하기 위해 매우 어두운 그믐날 밤에 한석봉과 어머니를 불러내어 어두운 밤길을 걷게 해보자. 둘 다 넘어지면서 제대로 걷지 못했다면 한석봉의 어머니가 구미호나 배트우먼이라는 가설은 틀린 것이다. 이번에는 가설 3을 검증하기 위해 늦은 밤에 다시 불러내어 활쏘기를 시켜보거나 무관과 검술 시합을 시켜보자. 한석봉의 어머니가 무참히 패배한다면 그녀가 특별한 힘을 가지지 않았음이 밝혀질 것이다.

마지막으로, 세 번째 중요한 자세는 바로 핵심을 파악하기 위해 세밀하게 관찰하는 것이다. 한석봉과 그의 어머니의 대결을 세밀하게 관찰해보면 과연 그 대결이 공정한 것이었는지 알 수 있다.

핀란드에서는 매년 '에어 기타 월드 챔피언십'이라는 대회가 열린다. 대회 참가자들은 기타 없이 허공에 손을 올린 채 마치 기타를 연주하는 듯한 퍼포먼스를 보인다. 여러분도 에어 붓글씨 쓰기를 해보자. 손가락, 손목, 팔꿈치, 어깨, 허리 관절을 절묘하게, 또 오랜 시간 완벽하게 제어해야만 제대로 된 글씨를 쓸 수 있다고 오해하기 쉽다. 하지만 글씨를 제대로 쓰게 하는 중요한 요인은 빛이다. 빛은 붓끝의 움직임을 제어하는 중요한 피드백 요소다. 그리고 붓끝에 반사된 빛에 대한 시각적 인지가 글씨 쓰는 행위를 가능케 하는 핵심 요소다. 이처럼 동물이나 기계의 동작에는 제어 센서가 필요하다. 따라서 불 꺼진 방 안에서 한석봉은 시각 센서를 사용하지 못하므로 제대로 글씨를 쓸 수 없다.

그럼 한석봉의 어머니는 어떨까? 오른손으로 칼을 쥔 채 떡을 썬다고 가정하면, 떡 썰기에 필요한 센서는 왼손 손가락이다. 왼손 손가락 둘째 마디에 칼날 옆면을 대고, 바닷게가 옆으로 살금살금 이동하듯이 왼손 손가락을 움직여 간격을 조정한다. 한석봉의 어머니는 촉각 센서를 사용한다는 뜻이다. 촉각 센서는 불 꺼진 방 안에서도 여전히 살아 있다.

한석봉의 어머니는 촉각이 유리한 어둠 속 대결을 제안했기에 물리의 원리를 잘 알고 있었을 가능성이 높다. 만약 한석봉도 물리를 잘 알았다면, 이는 불공정한 시합이며,

어머니가 왼손을 사용하지 않아야 공정한 시합이 성립된다고 말할 수 있었을 것이다.

물리는 답을 아는 것보다 답에 도달하는 합리적 방법을 중요하게 생각하는 것이다. 관찰과 실험, 더 나은 가설 탐구가 물리의 기본 자세다. 이러한 태도를 통해 언제나 새로운 것을 발견해낸다.

내가 가치 있는 발견을 했다면,
그것은 다른 능력이 있어서가 아니라
참을성 있게 관찰한 덕분이다.

If I have ever made any valuable discoveries,
it has been owing more to patient attention,
than to any other talent.

―――――――

아이작 뉴턴

2부
물질과 물리

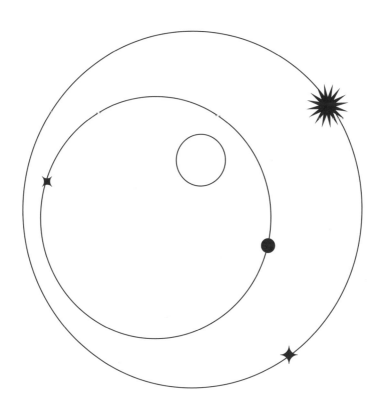

존재하나 보이지 않는 것을 발견하는 일

내가 찍은 사진이

실제보다 덜 멋지다면

각도가 달라지면
모든 것이 바뀐다

✦

#달 관측과 양각 · 입체각

하늘 가운데 뜬 달보다 지평선 부근의 달이 더 크다고
느끼는 이유는 비교할 사물이 있기 때문이다. 높은 빌딩이
나 건축물이 함께 보이는 부근에 달이 뜨면 더 실감할 수
있다. 보름달이 뜬 여름밤, 바깥에서 산책하면 산바람이 불
고 운치도 제법이다. 절구질하는 토끼도 생각나고 1,300년
전 보름달이 뜬 밤 정자에서 절친을 만나 술을 마셨다는 시
성 이태백도 생각난다. 이 시인은 달을 올려다보면서 노래
를 불렀다고 한다. "달아, 달아 밝은 달아~."

달밤의 멋진 풍경을 보며 드는 감정과 기분을 오래 간직하고 싶고 친구들도 느끼게 해주고 싶어 스마트폰을 꺼낸다. 카메라 성능이 좋은 최신 스마트폰으로 달을 촬영하고 집으로 돌아온다. 스마트폰에서 컴퓨터로 달 사진을 옮기고 UHD 초고화질을 자랑하는 고급 모니터에 띄운다. 그런데 현장에서 느낀 감동이 크게 줄어든 느낌이 든다.

감동이 줄어든 원인이 무엇일지 생각해본다. 집에서는 풀 냄새도 나지 않고 귀뚜라미 같은 곤충 소리도 들리지 않는다. 산들바람도 불지 않고 실내 온도도 높다. 오감이 둔해진 탓이라 여겨 보지만 원인은 따로 있다. 야외에서 본 달은 멀리 있고 매우 크게 느껴지지만, 모니터 화면 속 달은 너무 작게 느껴진다. 게다가 달의 밝기도 참 초라해 보인다. 당연하다. 야외에서는 어두운 밤하늘이 배경이지만 실내는 주변이 너무 밝다.

최근에 친구 몇 명도 나와 같은 불만을 토로했다. 바깥에서 찍은 달 사진을 집에서 컴퓨터 모니터나 휴대전화 화면으로 보면 사진 촬영 때 맨눈으로 실제 달을 보던 느낌이 전혀 나지 않아 실망스럽다고 했다.

●

야외에서 산책할 때 달과 가로등 같은 물체의 크기와 위치는 다섯 가지 정보를 통해 인지한다고 나는 주장해왔다. 정지한 상태에서 달을 관측하면 앙각과 입체각이라는 두 가지 정보값을 얻는다. 앙각은 올려다보는 각도를 의미한다. 그런데 이 두 가지 정보만으로는 달의 크기와 위치를 파악하기에 충분하지 않다.

사물을 관측하는 방식에 사용되는 정보를 살펴보면 다음 그림과 같다. 그림에서처럼 달을 관측하는데, 먼저 나의 눈과 달의 가장자리를 연결하는 점선을 모두 합치면 가상의 원뿔 형태를 그릴 수 있다. 첫 관측에서 얻은 빨간색 점선으로 앙각과 입체각이 생긴다. 하지만 한 번의 관측만으로는 빨간색 실선의 세 구형球形도 같은 정보를 주므로 달의 크기와 거리가 정해지지 않는다. 이때 관측자가 수평 방향으로 앞으로 이동해 다시 관측하면 파란색 점선 두 개로 이뤄진 새로운 원뿔 형태를 그릴 수 있다. 그리고 파란색 실선으로 그려진 세 개의 구들도 달과 같은 정보값(앙각과 입

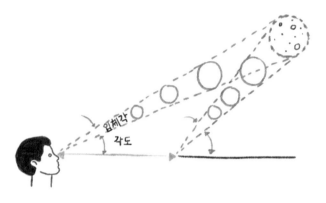

관찰자와 관찰대상 사이의 각도와 입체각

체각)을 얻을 수 있다.

관측 지점 두 곳에서 발생한 관측 결과는 다섯 개의 값, 즉 네 개의 각도와 이동한 거리를 알려준다. 이러한 정보를 모두 만족하는 달은 한 개의 거리값과 크기값으로 표현된다. 조금 다르게 설명하자면 내 눈과 달의 원으로 만들어지는 원뿔이 두 개가 관측된다. 하나는 빨간색 점선으로 표시된 원뿔, 다른 하나는 파란색 점선으로 표시된 원뿔이다. 두 원뿔이 겹치는 지점이 바로 달의 실제 위치와 크기를 나타낸다.

달처럼 아주 멀리 떨어진 거대한 물체라면 사람이 직

선 방향으로 1킬로미터를 이동해도 입체각과 앙각의 값이 거의 변하지 않는다. 그래서 야외에서 이동하면서 달을 직접 관찰할 때 달이 매우 멀리 있고, 그 크기가 매우 크다고 느끼는 것이다. 심지어 제자리에서 노래를 들으며 흥이 나서 상체와 머리를 흔들어도 입체각과 앙각은 거의 변하지 않는다. 그런데 사진을 찍은 후 눈과 50센티미터 떨어져 있는 모니터로 달을 보면 머리가 옆으로 5센티미터만 움직여도 각도가 크게 변한다. 그러면 본능적으로 화면 속 달이 매우 가깝고 작다고 느끼게 된다.

또 야외에서 달과 가로등을 바라보면 내가 1미터를 움직일 때 달을 바라보는 방향과 앙각, 입체각은 거의 변하지 않지만 가로등의 관측값들은 크게 변한다. 즉 내가 움직이는 만큼 가로등의 크기는 바뀌지만 달의 크기는 변함이 없는 것처럼 보이게 된다. 반면 컴퓨터로 내려받은 사진을 모니터 화면으로 볼 때는 내 머리가 5센티미터만 움직여도 달이나 가로등의 관측값이 동일하게 변할 것이다. 즉 화면 상에서 보이는 달과 가로등의 크기 변화가 거의 없거나 같은 비율로 달라진다.

시인 박목월은 30세에 지은 시 「나그네」의 마지막 다섯 번째 연에서 "구름에 달 가듯이 가는 나그네"라는 표현을 썼다. 대체 그는 어떤 장면을 보고 이토록 멋진 문장을 만들었을까? 게다가 이 멋진 문장에도 과학이 숨어 있다.

늦은 밤 산책을 하는 중에 가로등과 달을 바라보게 됐다고 상상해보자. 우선 사람과 달까지의 거리는 약 38만 킬로미터이고 사람과 특정 가로등까지의 거리는 38미터다. 둘 사이에는 약 천만 배의 거리차가 있다. 관측자는 처음에 고개를 45도만큼 돌려 가로등을 바라본다. 다시 관측자가 11미터를 전진하고 나면 좌로 60도만큼 고개를 돌려야 가로등이 보이므로 15도만큼 고개를 더 돌린 셈이다. 관측자가 걷고 있는 길 주변에 가까이 있는 물체라면 가로등이든 가로수든 결과는 모두 비슷하다. 즉 관측자가 직진하면서 관측되는 위치(각도)가 금방 변한다.

달의 경우는 조금 달라진다. 38만 킬로미터 떨어진 달을 처음 바라볼 때는 고개를 좌로 45도만큼 돌린다. 다시 관측자가 앞으로 이동해 고개를 15도만큼 돌려서 달을 관

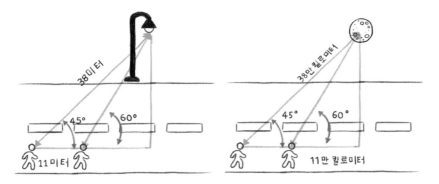

가로등과 달을 바라보는 사람의 이동 거리

측할 수 있는 위치에 도달하려면 달과 가로등의 거리차인 천만 배, 즉 11만 킬로미터를 더 걸어야 한다. 조금 더 현실적으로 설명하자면 사람보다 빠른 자동차로 9킬로미터를 직진해도 고개를 돌리는 각도는 겨우 (45+0.001)도가 된다. 즉 거의 변화하지 않는다.

가로등보다 조금 더 멀리 떨어진 대상이라면 어떨까? 지구의 대기권에 떠 있는 구름도 가로등과 별반 다르지 않다. 구름까지 거리가 약 3.8킬로미터라고 가정해도 달과의 거리는 십만 배나 차이가 난다. 내가 1킬로미터를 직진하는 동안 구름은 가로등만큼은 아니어도 달보다는 상대적으로 진행 방향에서 뒤로 이동하는 것처럼 보인다. 즉 처음 관측 후 두 번째로 구름을 관측할 때 나의 목은 좌로 점점 더 많이 꺾인다. 하지만 그동안에도 달을 바라보는 각도에는 큰 변화가 없다.

달만큼 멀리 떨어져 있지 않은 사물이 관측자와 같은 속도로 움직이면 어떨까? 편도 8차선 도로의 1차선에서 버스가 달리고 있고 8차선에서 관측자가 평행하게 같은 속도로 움직이면 버스를 바라보는 각도는 변화하지 않는다. 아마도 술이 적당하게 취한 시인의 눈에는 38만 킬로미터나 떨어져 있는 달이 나와 같이 평행하게 같은 속도로 걷고 있는 것처럼 느껴졌을 것이다. 여러분도 달이 낮게 뜬 밤에 한강변의 산책길을 걸으며 비슷한 경험을 했을 것이다. 자신이 걷는 동안 구름과 가로등이 자신의 뒤로 스쳐 지나가지만 달은 자신과 같은 속도로 평행하게 따라오는 듯 느꼈던 기억을 떠올려보라.

박목월의 시에서 체념과 달관의 경지로 해석되는 절정의 순간은 과학적으로 보면 너무나 당연한 결과일 뿐이다. 나와 내 주변 사물들은 내가 움직이면 위치가 변하지만, 저 하늘의 달은 위치가 변하지 않는 게 당연한 이치다. 하지만 물리적 지식으로 시를 읽으면 문학적 감상을 방해할 수 있으니 시를 감상할 때는 문학적으로만 읽고 지나친 과학적 분석은 잠시 접어두는 것도 좋겠다.

●

그럼 달처럼 멀리 떨어져 고정된 것처럼 보이는 대상이 아니라 빠르게 움직이는 대상은 어떨까? 로저 페더러나 노박 조코비치 같은 세계 정상급 프로 테니스 선수가 치는 공의 속도는 시속 200킬로미터를 능가한다. 정식 규격의 테니스 코트에서 대각선 거리인 약 26미터를 약 0.4초 내로 테니스 공이 주파하는 속력이다. 세계 최상급 선수가 아닌 국내 대회 출전 선수들 중에도 0.6초 내로 공을 치는 선수들이 즐비하다. 관람석에 앉아만 있어도 공이 날아가는 속도를 실감할 수 있다. 심지어 네트 바로 옆에 앉은 심판과 관중은 매우 빠른 속도로 고개를 돌려도 공의 궤적을 쉽게 놓치고 만다.

하지만 집에서 테니스 경기의 하이라이트 영상을 보면 공이 매우 빠르게 날아간다고 느끼기 어렵다. 저 정도는 자신도 충분히 받아칠 수 있다는 자신감마저 생긴다. 달이 자신과 함께 걸어가는 것처럼 느끼는 것과 같은 이유에서 비롯된 착각이다. 야외에서는 날아가는 공을 보기 위해 관측자가 고개와 상체를 돌려야 하지만 화면을 통해 볼 때는 고개를 돌리지 않고 눈동자만 움직여도 되기 때문이다.

●

축구 경기를 볼 때 골인되는 장면을 골대 뒤에서 촬영한 영상을 보면 속도감을 제대로 느낄 수 있다. 공이 골대를 통과해 순간적으로 그물을 철렁일 뿐만 아니라 화면에서 좁쌀만 하게 보이던 축구공이 갑자기 핸드볼 크기만큼 커져 공의 크기 변화를 쉽게 느끼기 때문이다. 축구 경기를 중계하는 카메라 감독이 과학적 원리를 잘 알고 촬영했는지는 알 수 없지만 오랜 경험을 통해 무의식적으로 느끼는 듯하다. 이처럼 과학을 알면 운동 경기를 더 생생하게 즐길 수 있다.

고대 멕시코 축구선수가

우승 후 자신의

심장을 바친 이유

물리 지식이 없을 때
인간은 신이 된다

✦

#합리적 의심과 포물면 반사

고대 멕시코에서는 매년 절대 군주인 황제가 참관하는 축구 대회를 개최했다고 한다. 그런데 대회를 마치면 우승한 팀의 선수 중 한 명을 선정해 산 채로 배를 가르고 심장을 적출해 신에게 바치는 의식도 함께 이뤄졌다고 한다. 고대 멕시코인은 어떤 생각에서 이토록 극악무도한 의식을 받아들일 수 있었을까? 황제의 권력이 무서워서였을까? 그렇다면 차라리 도망치는 것이 산 채로 심장을 적출당하는 것보다는 나았을 것이다. 자연과학의 기본은 합리적 의

심이다. 분명 심장을 바치는 의식이 가능했던 것에는 다른 이유가 있었을 것이다.

●

합리적 의심을 위해 먼저 포물면 반사를 이해해야 한다. $y=x^2$이라는 방정식이 나타내는 포물선은 초점이 하나고 그래프상에서 y축에 대한 대칭이다. y축을 중심으로 포물선을 회전시키면 포도주 컵 모양 같은 포물면이 만들어진다. 크기가 작은 광원이나 스피커를 초점에 두면 초점에서 나온 빛이나 소리가 포물면에서 반사된다. 이때 '입사각= 반사각'이라는 간단한 반사의 법칙에 의해 모두 주축인 y축에 평행하게 나아간다. 반사된 소리나 빛은 거리가 5미터든 50미터든 상관없이 그 세기가 줄어들지 않고 나아간다. 반면 공간 속 점에서 시작해 퍼져나가는 소리나 빛은 거리가 10배 멀어지면 세기가 100배 줄어든다. 구면의 표면적이 거리의 제곱에 비례하며, 음파나 빛의 에너지는 보존되기 때문이다.

원은 가장 단순한 2차 곡선이며, 중심점을 기준으로 같은 거리만큼 떨어진 점들의 집합이다. 원 위에 있는 점 하나의 좌표값을 x 방향으로 a배, y축 방향으로 b배만큼 확대하면 타원이 만들어진다. 타원은 두 초점 $(-c,0)$, $(+c,0)$에서 떨어진 거리의 합이 $2a$로, 일정한 점들의 집합으로도 유도된다. 원도 타원의 한 예로 '$c=0$'인 경우이며 'a=반지름'이 된다.

$x^2 + y^2 = 1$

두 개의 초점을 가진 타원

$\dfrac{x^2}{a^2} + \dfrac{y^2}{b^2} = 1,\ a > b,\ c = \sqrt{a^2 - b^2}$

두 초점의 좌표는 각각 $(c,0)$, $(-c,0)$이다.

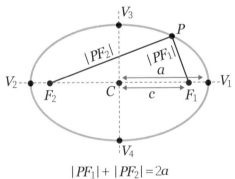

$|PF_1| + |PF_2| = 2a$

두 개의 초점을 가진 타원

타원은 x축에 대칭인데 이 타원을 x축 중심으로 회전시키면 타원면이 만들어지고 이는 달걀의 표면과 비슷한 모습이 된다. 타원에는 두 개의 초점이 있다. 한 초점에서 나온 빛(혹은 소리)은 타원면의 어느 곳에 입사하든지 반사돼 다른 초점으로 모인다. 하나의 초점에 작은 광원(혹은 스피커)을 두면 두 번째 초점에 빛(혹은 소리)의 모든 에너지가 모인다.

반면 반사면이 없는 촛불의 빛(혹은 스피커의 소리)은 동서남북과 위아래 모든 방향으로 뻗어 나간다. 공기와 같은 매질에서 에너지가 흡수되지 않는다면 이동하는 동안 파동 에너지가 보존돼야 한다. 면의 면적은 반경의 제곱에 비례($A=4\pi r^2$)하기 때문에 촛불에서 2미터 떨어진 거리에서 파의 세기는 1미터 떨어진 거리에서 파의 세기보다 4배가 작다. 반경 1미터 구면에서 파의 세기를 모두 더한 값은 반경 2미터 구면에서 파의 세기를 더한 값과 같아야 하기 때문이다. 총 1억 원의 월급을 4배로 늘어난 직원 수에 맞춰 나눠주려면 각 직원에게 돌아가는 월급은 4분의 1이 되는 것과 같은 보존법칙의 원리다.

반사면이 없는 경우, 자신과 5미터 떨어져 있는 동료 선수의 "패스해!"라는 소리는 잘 들리지만 50미터 뒤에 있

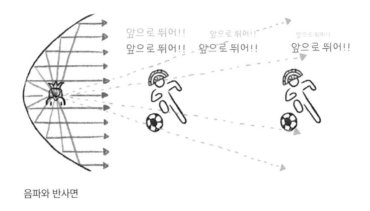

음파와 반사면

는 수비수가 전방에 외치는 "골문 방향으로 뛰어!"라는 소리
는 100배 약한 에너지로 전달되므로 잘 들리지 않는다.

그런데 고대 멕시코의 축구장에는 황제가 앉은 자리
뒤편에 포물면에 가까운 곡면으로 된 벽이 있었다. 따라서
황제로부터 5미터 떨어진 거리에 있든, 50미터 떨어진 거
리에 있든 황제가 내는 목소리의 세기를 거의 동일하게 느
꼈을 것이다. 그림의 녹색 점선 화살표와 녹색 글자처럼 황
제가 내는 목소리 음파 중에서 축구장 쪽으로 진행하는 음
파의 세기는 거리의 제곱에 반비례로 약해진다. 반면 적
색 실선과 적색 글자처럼 목소리 음파 중에서 포물면에
반사하는 음파는 반사 후에 수평하게 진행하므로 축구장

의 후방에 있든 전방에 있든 소리의 세기는 거의 줄어들지 않는다.

물리 지식을 몰랐던 축구 선수들이 이러한 현상을 이해하려면 황제가 사람이 아닌 신이라고 믿는 것이 가장 쉬운 선택이었을 것이다. 그리고 일단 황제가 신이라고 믿으면 우승팀 선수 중 일부를 선별해 산 채로 배를 갈라 심장을 꺼내 바치라는 황제의 이상하고 잔혹한 명령을 거부할 수 없었을 것이다. 간혹 사람들은 과거에 일어난 잔혹한 불가사의를 이해할 수 없을 때 과거의 사람들이 미개해서 그랬다는 식으로 쉽게 생각한다. 하지만 물리학자는 그런 자세를 취해선 안 된다. 합리적 의심을 내세워 가설을 세운 뒤 누구나 충분히 이해할 수 있고 설명할 수 있는 방식을 찾아내는 것이 곧 과학에 몸담은 사람의 올바른 자세다.

포물면을 활용한 또 다른 과거의 예를 살펴보도록 한다. 고대 그리스 신전에서는 태양으로부터 채화한 불을 주경기장 성화대에 피워 올림픽 경기가 끝날 때까지 타오르게 했다. 오늘날 올림픽의 시작과 끝을 알리는 성화의 시초다. 생산효율성과 교통수단이 형편없었던 고대에 지배층의 권력 구조를 다지기 위해서는 사냥과 농사일로 바쁜 수많은 백성을 불러 모을 만큼 신성한 무언가가 필요했다. 이때 태양광으로부터 채화하는, 즉 빛을 낚아 올리는 의식이 중요한 역할을 했을 것이다.

당시 신전 제사장들은 포물면을 가진 반사경을 이용했을 것이다. 그러나 물리 지식이 없던 고대 평민들은 허공에서 빛을 낚는 듯한 동작으로 횃불을 피우는 제사장들을 보며 제우스의 의지라고 믿었다. 고대의 많은 집단의식은 인간이 자연에서 살아남기 위해 사람들을 단결하도록 만드는 역할을 수행했기 때문에 사람들이 미신을 믿게 만드는 데 과학이 적절한 도움을 줬다고 볼 수도 있겠다.

또 기원전 3세기경 알렉산드라의 파로스에 지은 100미터 높이의 거대한 건축물 꼭대기에는 등대가 있었다고 한다. 알다시피 등대는 바닷가에서 멀리 떨어져 있는 배에 조명 신호를 보내기 위한 시설이다. 이 또한 불빛의 손실을 최대한 줄여 멀리까지 보낼 수 있는 포물면 반사 원리를 응용한 것이다. 오늘날의 등대에 설치된 탐조등search light도 포물면 반사 원리를 응용해 만들어진다.

「Still life with apples」(1895~1898), 폴 세잔

과거에는 당연하게 받아들이던 현상 중에서 오늘날 기준과 상식으로는 도저히 이해되지 않는 것들이 많다. 지식과 기술이 발달하면서 과학적 원리가 밝혀지고 그동안 이해할 수 없던 신비로운 현상의 이면이 밝혀지는 순간, 현대인들은 과거의 사람들이 미개했다는 식으로 단정 짓는 오류를 피할 수 있다. 좀처럼 설명되지 않는 현상을 두고 원리를 파악하려고 노력하기도 전에 불가사의한 일이라고 덮어버린 채 과학적으로 이해하려는 시도를 포기하거나 합리적 의심 없이 속단하고 외면하는 것은 과학적 접근 방식으로 적절하지 않다. 당시의 자연·사회·기술 지식과 과학적 의심을 통해 들여다보면 특정 현상의 이유를 찾을 수 있다. 세상에 존재한 것에는 반드시 존재의 이유가 있기 마련이다. 존재는 질문인 동시에 곧 해답이기도 하다.

포물면의 원리를 알면

부자가 될 수 있다?

물리를 이용하면
발상 전환이 가능하다

✦

#아이디어 상품과 포물면의 원리

카페에 남녀 한 쌍이 있다. 여성은 클래식을, 남성은 팝 음악을 듣고 싶어 한다면 타원포물면을 응용해 두 사람의 바람을 이뤄줄 수 있다. 우선 타원면을 반으로 자른 뒤, 타원의 한 초점에 클래식 음악이 흘러나오는 작은 스피커를 둔다. 스피커에서 흘러나온 음악 소리는 그림에서 노란색 실선으로 표시한 것처럼 타원면 안쪽에 입사하는 음파가 돼 타원의 두 번째 초점, 즉 여성의 귀로 모인다. 이때 음파는 타원포물면을 반으로 자르기 전 음파 에너지의 절반이

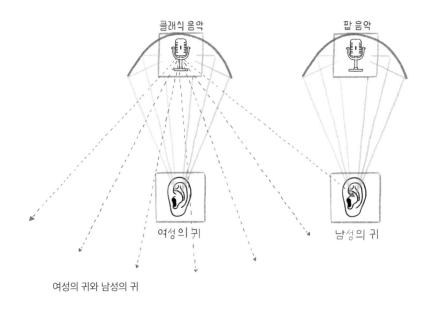

클래식 음악

팝 음악

여성의 귀

남성의 귀

여성의 귀와 남성의 귀

된다. 또 초록색 화살표로 표시한 것처럼 타원포물면에서 반사하지 않는 나머지 음파는 거리의 제곱에 반비례해서 세기가 감쇄한다.

두 번째 초점이 여성의 머리(귀)에 오도록 타원포물면을 설치하면 작은 스피커에서 흘러나오는 클래식 음악은 여성에게만 잘 들리게 된다. 그러면 옆 테이블의 남성은 타원포물면에서 반사된 클래식 음악 소리가 아닌, 그림에서 초록색 점선 화살표로 표시된 것처럼 거리의 제곱에 비례해 세기가 크게 줄어든 소리만을 듣게 된다.

●

겨울철에 사용하는 선풍기형 전열기도 포물면을 이용한 좋은 사례다. 포물면 반사체가 달리지 않은 일반 전열기는 옆으로 가면 지나치게 뜨겁고 전열기와 멀어지면 난방효과를 기대하기 어려워진다. 이때도 전열기의 난방력이 거리의 제곱에 반비례하기 때문이다.

포물면 반사체가 달린 선풍기처럼 생긴 전열기는 멀리 떨어져도, 즉 거리가 증가해도 방향만 잘 맞춰놓으면 난방효과가 거의 감소하지 않는다. 다만 초점에 놓인 열원이 점으로 이뤄져 있지 않기 때문에 열원의 여러 방향에서 나온 빛들이 포물면에서 반사되면 주축과 정확히 평행하게 반사되지는 못한다. 이는 해안가의 탐조등에 응용한 원리와 정확히 일치한다.

포물면의 원리는 여러 연구에서도 활용된다. 1993년 나는

포물면을 이용한 겨울철 난방기구

원적외선 분광기라는 연구용 실험 장치를 제작했다. 타원면을 이용해 공간으로 넓게 퍼져 나가는(입체각이 큰) 광원을 좁게 퍼져 나가는(입체각이 작은) 광원으로 만든 것이다. 마치 원적외선 빛이 뭉툭한 창에서 날카로운 창으로 바뀐 것처럼 보이는 장치다. 하지만 그 후 시간이 흘러 같은 원리를 응용해 누구나 사용할 수 있는 선풍기형 전열기가 등장했고, 해당 제품을 만든 사람은 큰돈을 벌었다고 한다. 물론 나는 연구용 장치만을 만들어 큰돈을 벌 기회를 놓친 셈이다. 이렇듯 물리의 아름답고 깊은 이론 중에는 타원면·포물면의 원리처럼 비교적 단순한 이론도 존재한다. 그리고 자신이 이해한 물리 이론으로 생활에 필요한 무언가

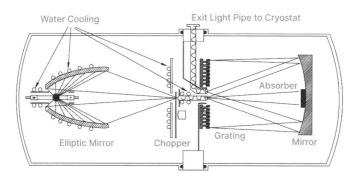

당시 제작했던 원적외선 분광기의 모습,
타원경을 이용해 적외선을 뾰족하게 집속시킨 최초의 연구였다.

를 만들어내는 일은 누구에게나 열려 있다.

●

과학용품을 일상용품으로 전환해 폭발적으로 쓰이는 사례도 있다. 날진Nalgene은 생리학·의학·화학 분야 실험에 필요한 에탄올·아세톤·생물 샘플을 보관하는 통과 접시를 만드는 회사였다. 날진의 제품들은 유리보다 가볍고 깨지지 않으면서 샘플이 담겼을 때 이상 반응을 보이지 않는 플라스틱 재질로 만들어졌다. 날진의 아세톤 통, 에탄올 통은 지금도 전 세계의 거의 모든 자연대·공대의 실험실에서 사용되고 있다.

고밀도 폴리에틸렌과 폴리 카본으로 만들어진 날진의 통은 입구가 커서 액체뿐만 아니라 덩어리가 큰 고체음식을 보관하기에도 좋다. 그런 이유로 언제부턴가 스포츠용, 캠핑용 제품들이 만들어져 널리 쓰이기 시작했다. 어쩌면 연구자나 대학원생이 시험 삼아 날진의 실험용 통을 물통으로 써봤을지도 모를 일이다.

실제로 날진의 대표 마쉬 히맨Marsh Hyman은 아들이 소속된 보이스카우트 팀이 자신의 회사에서 만든 실험용 통을 캠핑 때 사용하는 것을 보고는 아웃도어 전용 제품 라인을 개발했다. 날진의 아웃도어 라인 제품은 마개가 병에 고정돼 있어 분실 위험이 적었다. 또 외부에 때가 잘 묻지 않을뿐더러 용기 벽에도 냄새가 잘 배지 않아 끓는 물도 넣을 수 있는 제품들로 사람들에게 인기를 끌었다.

물통이 날개 돋친 듯 팔리던 날진도 시련의 시기를 겪었다. 물통의 소재로 사용된 비스페놀Bisphenol A, BPA이 환경호르몬 문제를 일으킨다는 발표와 함께 사용을 전면 금지하면서 잠시 판매가 주춤한 것이다. 하지만 2008년부터 모든 제품을 'BPA free'로 만들어 인기를 이어갔다.

물리학에서 반응과 안전은 매우 중요한 개념이다. 생수통은 물과 반응하지 않아야 하고, 과학 실험용 통은 물을 포함한 생화학 표본과 반응하지 않아야 한다. 그런 덕분에 과학 실험용 통을 누구나 생수통으로 활용할 수 있었던 것이다. 이렇듯 물리를 아는 데서 한 걸음 더 나아가 필요와 수요에 접목하면 큰돈을 벌 기회를 잡을 수도 있다.

차 안에서 흔들리지 않는

편안함을 느끼는 방법

물리와 심리가 알려주는
충격을 줄이는 자리

✦

#물리적 충격과 운동에너지 법칙

사람과 자동차가 충돌하면 사람이 크게 다친다. 제아무리 작은 승용차라 해도 사람보다 열 배 이상 무겁기 때문이다. 그래서 도심이나 주택단지 등 사람이 자주 다니는 곳 주변의 도로에는 자동차의 속도를 줄이기 위한 목적으로 과속방지턱을 설치한다. 자동차 운전자가 속도에 신경을 써야 하는 만큼 보행자도 자동차 주변에서 안전을 위한 대비를 해야 한다. 특히 자동차가 멈추기까지 걸리는 시간과 거리를 미리 알고 있다면 도움이 될 것이다.

차량의 운동에너지를 유한한 값에서 0으로 만드는 행위를 제동이라고 정의하는데, 도로에서 주행 중인 차량의 속도가 2배 늘어나면 정지할 때까지 걸리는 제동거리는 약 4배 늘어난다. 자동차의 운동에너지는 속도의 제곱에 비례하고, 타이어와 도로 사이의 마찰력이 주는 에너지 감소량은 거리에 비례하기 때문이다. 다시 말해 차량의 속도가 2배 늘어나면 충돌을 당한 보행자가 입는 피해는 속도가 늘기 전보다 4배 더 커진다.

운동에너지: 질량 m을 가진 물체가 속도 v를 가지면 $0.5mv^2$의 운동에너지를 가진다.

마찰력: 물체가 운동하려는 반대 방향으로 작용한다. 가장 흔한 마찰력은 중력장하에서 무게에 의해 발생한다. 평면 위에서 이동하려는 물체와 평면 사이의 마찰계수가 있으면 마찰력은 다음과 같이 간단하게 표현할 수 있다.

$$F(\text{마찰력}) = \text{마찰계수} \times m \times g (\text{중력가속도 } 9.8 \ m/sec^2)$$

역학적 에너지: 힘을 주어 물체를 일정한 거리만큼 이동하는 데 필요한 에너지를 말한다.

$$\text{힘} \times \text{이동거리}$$

끝	뒷바퀴	4열 좌석	앞 바퀴
1.44	1.00	0.25	0.0

끝	뒷바퀴	4열 좌석	앞 바퀴
0.04	0.0	0.25	1.0

과속방지턱을 넘는 버스

　　위의 왼쪽 그림은 자동차 뒷바퀴가 20센티미터 높이의 과속방지턱을 넘어가는 모습이다. 주황색 삼각형의 위꼭 짓점을 보면 버스가 과속방지턱을 넘는 순간 뒷바퀴 위치 에 있는 좌석에 앉은 사람이 지면으로부터 20센티미터만 큼 상승하는 것을 알 수 있다. 초록색 삼각형의 위꼭짓점은 버스의 앞바퀴와 뒷바퀴 사이 가운데, 즉 운전석 뒤로 세 번째나 네 번째 되는 위치다. 그런데 초록색 삼각형은 각 각 대응하는 길이의 비로 정의되는 닮음비가 노란색 삼각 형과는 2:1인 닮은 삼각형이다. 따라서 버스가 20센티미터 높이의 과속방지턱을 지날 때 네 번째 자리에 앉은 사람은 10센티미터만큼 몸이 상승한다. 마지막으로 빨간색 삼각형의 위꼭짓점 위치는 버스의 가장 뒷자리에 해당한다. 역시 노란색 삼각형과 닮은 삼각형으로 닮음비가 약 1.2:1 정도다. 따라서 과속방지턱을 넘는 순간 가장 뒷자리에 앉은 사람은 24센티미터만큼 상승한다.

뒷바퀴가 과속방지턱의 정상에 오르는 시간이 1초로 같다면 빨간색, 노란색, 초록색의 각 위치에서 측정되는 수직 방향 속도의 비는 1.2:1:0.5가 된다. 운동에너지는 속도의 제곱에 비례하므로 세 사람이 받는 충격운동에너지의 비는 1.44:1:0.25가 된다. 즉 초록색 위치인 네 번째 좌석에 앉은 사람이 빨간색 위치인 가장 뒷자리에 앉은 사람보다 1/5.76(=0.25/2.44)만큼의 에너지를 받게 된다. 앞바퀴가 과속방지턱의 정상에 오르는 시간이 1초로 같다면 세 사람이 받는 충격운동에너지의 비는 0.04:1:0.25가 된다.

여기서 한 가지 주목할 점이 있다. 버스의 앞바퀴가 과속방지턱을 넘어갈 때 네 번째 좌석은 0.25만큼의 에너지를 한 번 더 받는다. 반면 뒷바퀴가 있는 자리에 앉은 사람은 위아래로 움직이지 않으므로 0만큼의 에너지를 받는다. 버스의 앞바퀴와 뒷바퀴가 차례로 방지턱을 넘게 되면 네 번째에 앉은 사람은 앞바퀴나 뒷바퀴 위에 앉은 사람보다

과속방지턱을 넘는 자동차와 버스

절반의 에너지만큼만 받게 되므로 덜 피곤할 수 있다는 사실을 알 수 있다. 이런 물리 지식을 알고 있는 사람이라면 버스를 탈 때는 무조건 뒤로 가거나 앞좌석에 앉으려 하지 않고 네 번째 좌석을 선택할 것이다.

그렇다면 승용차도 바퀴 위치를 고려하면 어느 좌석이 더 편안할지 쉽게 알 수 있다. 첫 번째 열에 해당하는 운전석과 조수석이 두 번째 열에 해당하는 뒷좌석보다 편안하다. 바로 바퀴 위치에 비밀이 숨어 있다. 승용차는 버스보다 차량의 길이가 짧아서 앞좌석은 앞바퀴와 뒷바퀴 사이에 위치하는 반면, 뒷좌석은 좌석 바로 아래에 뒷바퀴가 위치하기 때문이다.

게다가 차량의 크기가 버스보다 작아서 앞바퀴와 뒷바퀴 사이의 간격, 바퀴와 좌석 간의 거리가 짧다. 따라서 버스 탑승자가 느끼는 불편함이 위아래로의 움직임 때문이라면, 승용차에서 탑승자가 느끼는 불편함은 한 가지 더 추가된다.

승용차를 타고 과속방지턱을 넘는 순간을 떠올려보자. 몸이 수직으로 상승하는 현상도 일어나지만, 동시에 몸이 기울어지는 현상도 일어난다. 이때는 축거와 윤거로 불리는 바퀴와 바퀴 사이의 거리가 길면 길수록 차가 기울어지는 각도가 작아진다. 따라서 바퀴가 과속방지턱 위에 정지한 경우, 소형차인 승용차에 탄 사람보다 대형차인 버스에 탄 사람이 상대적으로 더 편안함을 느낀다.

또 버스 운전자의 심리 상태에 대한 측면도 고려해야 한다. 운전자의 심리 상태가 앞바퀴 위의 좌석, 중간 좌석, 뒷바퀴 위의 좌석, 가장 뒷자리의 좌석에 앉은 승객이 각각 받는 운동에너지에 영향을 미친다. 앞바퀴가 과속방지턱을 지나갈 때는 운전자 본인이 충격을 받으므로 차를 천천히 몰아 4초에 걸쳐 과속방지턱을 올라갔다 내려간다. 즉 2초 만에 몸이 20센티미터 상승하는 것이다.

그런데 대부분의 버스 운전자는 회사가 정해놓은 운행 시간을 맞춰야 하는 압박감이 있기 때문에 조급하게 운전을 하는 경향이 있다. 만약 과속방지턱을 넘는 순간에도 빨리 운행해야 한다는 생각을 갖고 있다면 자신의 승차감과 직결된 앞바퀴가 과속방지턱을 통과한 후에는 조금 속도를 높이려 할 것이다. 그 결과 뒷바퀴가 과속방지턱을 오르내리는 시간은 4초가 아니라 절반으로 빨라지기도 한다. 이때 충격운동에너지는 4배가 돼버린다. 과속방지턱을 지나갈 때 앞바퀴와 뒷바퀴가 동일한 속력으로 지나간다면, 간단한 물리적 분석으로 버스에서 네 번째 좌석에 앉아야 가장 편하다는 사실이 쉽게 증명된다. 여기에서 운전자의 심리가 더 고려된다면 편한 좌석은 네 번째보다 더 앞쪽에 있는 좌석이 될 것이다.

●

다행히 요즘 생산되는 자동차에는 승차감을 위한 많은 기술들이 적용돼 있다. 대표적으로 자동차가 등장한 이후로 개발된 쇼크 업소버shock absorber 기술은 과속방지턱과 도로의 파인 곳처럼 노면의 다양한 요철에서 오는 충격을 줄여준다. 쇼크 업소버는 코일 스프링과 판스프링 등의 작용 때 뛰어난 감쇠 작용으로 피로를 줄이고, 상하로 발생되는 작은 진동을 흡수하여 주행 안정성을 높이고 승차감을 크게 향상시키는 장치다. 그 덕분에 지면의 울퉁불퉁함이 몸에 전달되기까지 걸리는 시간이 상대적으로 길어진다.

예를 들어 바퀴가 20센티미터 높이의 과속방지턱의 가장 높은 곳을 오르는 데 1초가 걸린다고 가정해보자. 이때 쇼크 업소버가 있으면 스프링이 압축되면서 순간적으로 차체는 20센티미터보다 낮은 높이, 예를 들어 15센티미터만큼만 올라간다. 상대적으로 승차감이 좋은 차들은 대개 쇼크 업소버 원리를 적용해 충격을 최소화한 설계로 생산된다.

또 과속방지턱의 폭이 도로 폭보다 좁은 경우도 있다. 경험이 많은 운전자는 조수석 쪽 바퀴는 과속방지턱을 지나가더라도 운전석 쪽 바퀴는 과속방지턱이 없는 곳, 예를 들어 아스팔트가 아닌 콘크리트로 만들어진 노견 쪽으로 치우치도록 운전을 해 빠져 나간다. 이러한 운전자의 심리를 알고 있다면 편한 좌석을 선택하는 기준을 남들보다 한 가지 더 알고 있는 것이다. 따라서 버스나 승용차를 타야 하는 상황에서 탑승자가 2열 좌석에 앉을 수 있다면 가급적 운전자의 뒷좌석에 앉을 때 편안하게 갈 수 있다.

「겨울의 썰매 타기」(1890), 야로슬라프 베신

생활 속에서 물리적 충격을 경험할 수 있는 일을 한 가지 더 떠올려보자. 모처럼 본격적인 등산을 하러 험준한 바위산에 갔다가 하산길에 양갈래의 바위벽을 만났다고 가정해보자. 한쪽은 2미터의 벽이고 다른 한쪽은 1미터의 벽이 계단처럼 두 개로 연결돼 있다. 중력이 작용하는 곳에서 높이가 있는 물체가 가지는 에너지, 즉 중력에 의한 위치에너지(=mgh)로 보면 두 바위벽은 차이가 없다. 하지만 2미터를 한 번에 뛰어내리면 관절과 근육에 더 큰 무리가 온다는 것은 누구나 경험적으로 잘 알고 있을 것이다. 따라서 2미터의 벽을 한 번에 뛰어내리는 것보다 1미터의 벽 두 개를 한 번씩 차례로 뛰어내리는 것이 낫다. 조금 더 일상적인 상황으로 설명하면 1층과 2층을 연결하는 두 종류의 계단을 떠올리면 된다. 한쪽은 높이가 40센티미터인 계단이 7개, 다른 한쪽은 높이가 20센티미터인 계단이 14개가 있다면 거의 모든 사람들이 20센티미터 높이의 계단을 선택할 것이다.

●

군대에 다녀온 사람들이 군대 이야기에서 빼놓지 않는

에피소드가 바로 장거리 행군이다. 그만큼 군인들이 힘들어하는 훈련 중에서도 최고로 꼽는 훈련이기 때문이다. 대한민국 보병은 행군을 할 때 20킬로그램의 군장을 짊어지고 한번에 20~30킬로미터나 되는 거리를 걸어야 한다. 또 1년에 걸쳐 총 300킬로미터의 행군을 한다. 그런데 신병 시절에는 요령이 없어 무작정 걷기 바쁘지만, 조금이라도 경험이 쌓인 선임병들은 포장도로의 아스팔트가 아니라 흙길을 걷는다. 사람의 체중이 실리면 흙길이 조금 아래로 꺼지면서 관절의 충격을 감소시켜준다는 원리를 알고 있기 때문이다. 군인이 아니라도 둘레길을 많이 걸어본 사람이라면 상식으로 알고 있는 지식이다. 이처럼 생활 속에서 응용할 수 있는 물리 지식을 많이 알고 있을수록 우리의 몸이 더 피곤해지는 실수를 줄일 수 있다. 또 앞서 소개한 자동차의 좌석 선택 기준이 되는 물리 지식은 물론, 운전자의 심리 상태에 관한 지식을 잘 기억해뒀다가 장거리 버스 여행 시에 떠올리면 후회 없는 여행이 될 것이다.

냉수 수도꼭지를 더 열었는데

물이 뜨거운 이유

냉수 공격 대신
온수 방어가 옳다

✦

#목욕 불가사의와 열의 평형

물리의 핵심은 관찰과 질문이다. '왜 그럴까?' 하고 생각해본 적이 있다면 이미 물리의 눈으로 세상을 보기 시작했다는 뜻이다. 알고 보면 쉬운 물리 지식을 깨우치면 의문을 품었던 일이 해결되기도 한다.

겨울철이면 누구나 화장실에서 목욕할 때 작은 불가사의를 경험한다. 매우 추운 날, 바깥에서 오랜 시간을 보내고 귀가해 목욕을 했던 기억을 더듬어보자. 샤워기에는 보통 온수 수도꼭지와 냉수 수도꼭지가 같이 달려 있다. 온수

꼭지와 냉수 꼭지를 적당히 조절해 물을 틀면 샤워기에서 너무 뜨겁지도 너무 차갑지도 않은 온수가 나온다.

바깥에서 차가워진 몸으로 섭씨 39도 정도의 물을 맞으면 나도 모르게 "앗 뜨거워!" 하고 소리치게 된다. 이때 대다수가 비슷한 행동을 한다. 온수 수도꼭지를 줄이는 것이 아니라 냉수 수도꼭지를 더 여는 것이다.

공격이 최선의 방어라는 식의 적극적인 자세라고 볼 수 있다. 다이어트를 위해 음식을 줄이기보다 운동을 더 많이 하겠다는 필살의 정신과 비슷하다. 하지만 생각과는 다르게 냉수 수도꼭지를 더 열자마자 처음 2~3초 동안에는 오히려 물이 더 뜨겁게 느껴질 것이다. 과연 왜 그럴까?

●

물과 접촉한 인간의 피부가 느끼는 온도는 물의 냉난방력과 인체의 항상성, 즉 섭씨 36.5도를 유지하는 능력의 균형으로 결정된다. 다음 그림을 보면 섭씨 62도의 온수를 빨간색으

그림 1 샤워기

온수 수도꼭지 냉수 수도꼭지

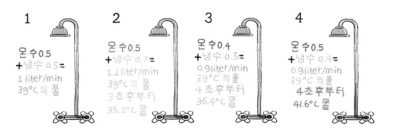

그림 2 샤워기의 온도변화별 차이

로, 섭씨 16도의 냉수를 파란색으로, 온수와 냉수가 섞인 섭씨 39도의 물을 노란색으로 표현했다. 처음에는 내 몸에 섭씨 39도의 물이 1분당 1리터씩 쏟아진다고 가정한다. 이때 냉수 수도꼭지를 조금 더 열면 초반 3초 동안에는 섭씨 39도의 물이 1분당 1.2리터씩 쏟아진다.

섭씨 36.5도의 몸이 가지는 냉방력에는 거의 변화가 없다. 하지만 몸의 외부에서 접촉하는 섭씨 39도의 물이 20퍼센트만큼 더 많아지므로 피부에 도달하는 평형 온도는 [그림 2]의 ①보다 ②에서 더 높아진다. 그래서 목욕 초반에 물이 더 뜨겁게 변했다고 느낀다. 이때 약 3초가 더 지나면 냉수가 더 섞이므로 섭씨 39도가 아닌, 새로운 평형 온도인 약 35.2도의 물이 1분당 1.2리터씩 나온다. 체온보다 낮은 온도의 물이 나오므로 이때부터는 물이 차가워 졌다고 느끼게 된다.

만약 [그림 2]의 ④처럼 냉수 수도꼭지를 조금 잠그면 어떨까? 아이러니하게도 처음 4초간은 [그림 2]의 ③과 비슷한 상황이 돼 물이 차갑게 느껴진다. 반면 4초가 지나면 찬물이 줄어들므로 더 높은 온도의 새로운 평형 온도인 섭씨 41.6도의 물이 분당 0.9리터로 나온다. 즉 물의 온도는 올라가고 유량은 줄어든 것이다. [그림 2]의 ①과 비교해 몸이 어떻게 느낄지는 정해지지 않는다. 어느 것이 평형 온도에 더 큰 영향을 줄지에 따라 다른 결과가 나올 것이다.

샤워꼭지에서 나오는 물의 온도를 사람이 어떻게 느끼는지를 분석하려면 물의 유량, 물의 온도, 체온과 물의 온도차뿐만 아니라 샤워기의 내부 구조도 알아야 한다. 앞의 계산식은 샤워기 헤드와 수도꼭지 밸브 사이에 3.6리터의 공간이 있고 물이 그 공간을 채우고 있다는 가정에서 초반 3~4초 동안 우리가 느끼는 물의 온도에 대한 직관과 실제 결과의 차이를 설명하는 것이다. 만약 헤드와 밸브 사이의 공간이 1.8리터로 절반이라면 앞서 3~4초 동안 일어나는 변화가 1.5~2초 동안 일어난다. 그리고 샤워기의 밸브가 온수와 냉수의 밸브를 따로 두지 않은 경우도 생각해볼 수 있다. 이때 총 유량이 같고 온수와 냉수의 비율만 다르다면 초반 3~4초 동안 직관과 다른 특이한 현상은 일어나지 않는다. 다만 밸브 조작의 반응이 느리게 나타난다고만 생각할 것이다.

과학에 존재하는 뭉치면 살고

흩어지면 죽는 이야기

단결의 힘은
물리에도 존재한다

✦

#뭉치면 강해지는 과학적 이유

근대 유럽에는 국가보다 더 힘이 세다는 세계 최고의 부자 가문 로스차일드 가문이 있었다. 베스트셀러 『화폐전쟁』에 등장하는 바로 그 가문이다. 이 가문을 상징하는 문장은 한데 묶어 놓은 다섯 개의 화살이다. 5명의 아들이 협력하면 국가도 자신들의 가문을 함부로 대할 수 없다는 강한 자신감의 상징이었다. 이와 비슷한 의미로 동양에는 "뭉치면 살고 흩어지면 죽는다"라는 격언이 전해져 내려온다. 하나는 약하지만 여럿이 힘을 합치면 믿을 수 없을 만큼 강해진다는 의미를 담고 있다. 과학과는 무관한 말처럼 들리지만, 과연 그럴까? 과학에도 단결과 연결이 존재한다는 사실을 알 수 있는 역사가 존재한다.

●

　일본 전국시대에는 수많은 정복 전쟁이 일어났다. 영주들은 전쟁에서 이겨 영지를 넓히기 위해 좋은 무기, 특히 칼을 만드는 데 많은 공을 들였다. 칼은 적을 잘 베어야 했고 부러지지도 않아야 했다. 칼이 약해 전쟁에서 지면 칼을 납품한 대장간 사람들과 그들의 가족까지 몰살당하곤 했다. 이때부터 일본에서는 전쟁에서 이기기 위해 목숨을 걸고 좋은 제품을 만들었던 덕분에 제품들이 뛰어난 품질을 자랑했다는 이야기도 전해진다.

　칼은 사람의 단단한 뼈와 갑옷마저 잘 베기 위해 단단해야 하지만 단단하기만 하면 칼 일부에 집중되는 작은 충격에도 부러지기 쉽다. 그래서 칼을 만드는 대장장이들은 강한 철(강철), 무른 철(연철), 중간 경도의 철(중간철)을 여러 겹으로 덧대어 만든다. 칼의 가장 안쪽은 무른 철을 사용해 부러지는 것을 방지했고, 칼날 부분은 강한 철을 사용해 잘 베도록 만들었다. 일본도(카타나)는 이러한 다양한 철의 장점을 융합해 만든 명검으로 유명하다.

실제로는 강철-연철-중간철을 세 겹으로 덧대지 않고 강철판을 U자형으로 만들고 그 사이에 연철을 넣은 다음에 '해머 용접'으로 제작했다. 파이어 웰딩fire welding이라고도 부르는 해머 용접 기술은 접합하고자 하는 부분을 적당한 온도로 가열하고 해머로 두드려서 압력을 가해 접합시키는 방법이다. 일본도가 만들어질 당시에는 강철과 연철을 녹여서 용접할 수 있는 가열 기술이 없었다. 현대에 와서 가능해진 고온 가열 용접 방식을 그 당시에 적용했다면 고열을 받은 부분은 내부 구조가 크게 변화해 칼로 사용하기에는 약한 구조가 되었을 것이다.

녹는 온도가 아님에도 용접이 강하게 일어나는 해머 용접은 금속만의 매우 독특한 결합 성질 덕분에 가능한 재미난 용접 방식이다. 모든 금속 원자는 주위에 8~12개 정도의 많은 금속 원자를 두려고 한다. 그런데 공기와 접촉하는 금속 표면의 원자는 주위에 금속 원자가 대략 6~8개 정도밖에 없으니 금속 토막을 두 개를 서로 가져다 대면 각 표면에 있는 금속 원자들이 서로 결합하려고 한다. 이때 결합이 잘 되게 하려면 일단 금속 표면의 먼지 불순물과 산화막을 제거하고 최대한 가열해서 쇠를 물렁물렁하게 만들어야 한다. 먼지 불순물과 산화막을 제거한 상태에서 섭씨 600도 이상으로 가열해 물렁물렁해진 금속을 강하게 두드리면 두 금속 토막의 접촉 경계면 전체가 강하게 용접된다.

●

아마도 많은 사람이 신문지를 여러 번 접어 몽둥이로 사용하는 검도 고수를 영상 매체에서 본 적이 있을 것이다. 또 화살 한 개씩은 각각 부러뜨릴 수 있지만 다섯 개를 한데 묶어 놓으면 쉽게 부러뜨리지 못한다. 대장장이들도 바위를 쪼갤 만큼 완벽한 일본도를 만들기 위해 칼의 몸이 될 쇠막대를 가열하고 두드려 편 뒤 다시 둘로 접어 두드렸다. 그리고 마치 여러 겹의 반죽을 쌓아 크루아상을 만들 듯 쇠막대에 끊임없이 망치질을 했다. 예를 들어 쇠막대를 10번 접으면 1,024겹이 생기고, 12번 접고 가열해 두드리면 4,098겹이 생긴다. 하지만 크루아상은 반죽의 겹마다 스며들어간 공기로 부드러운 맛을 내는 것이 목적인 반면, 일본도는 더 튼튼해지는 것이 목적이라는 점이 달랐다.

쇠막대를 여러 겹으로 접으면 강해지는 과학적 이유는 무엇일까? 쇠막대를 접을 때에도 그냥 접어 두드리기만 하면 한 겹 한 겹 사이에 결합력이 약해 강력한 쇠막대를 만들 수 없다. 이 작업에서 핵심은 접철 작업이 이뤄지는 순간의 온도가 금속의 녹는점보다 아주 조금 낮다는 것이다. 이 조건의 온도에서 해머로 강하게 수십 수백 번 두드리면 두 금속판 사이의 결합력이 획기적으로 증가한다(앞서 설명한 해머 용접의 원리다).

전국시대에는 제철제련 기술의 수준이 낮았기에 일본도 제작에 사용한 철의 순도 또한 매우 낮았다. 칼로 만들면 쉽게 균열이 생기고 심한 경우 칼이 금방 깨질 정도였다. 하지만 철을 여러 겹으로 접고 망치질로 결합력을 높이는 접철 방식을 이용하면 철의 재질과 탄소함유량을 칼 전체에 고르게 분배할 수 있어서 순도가 낮은 철의 단점을 해결할 수 있다.

●

접철 방식의 일본도를 만들던 일본 전국시대보다 더 오래전에 신라에서도 '여러 겹' 방식을 이용해 철제 도구를 생산했다. 성덕대왕신종을 매단 막대기가 대표적이다. 경주박물관 신관을 건립해 성덕대왕신종을 옮길 당시, 박물관 측은 가늘지만 매우 강한 막대기에 종이 매달려 있다는 사실을 발견했다. 새로운 전시 장소로 종을 이동시켜 전시하기로 한 박물관 측에서는 성덕대왕신종의 막대기가 너무 길어 새로운 막대기를 제작하고자 했다.

당시 포스코에서 새로운 막대기 제작을 진행했으나 새 막대기는 종의 무게를 견디지 못하고 휘어져버렸다. 국립경주박물관 「성덕대왕신종 종합보고서」에 따르면 기존에 사용된 막대기의 제작 방식과 재질을 분석해본 결과, 1,000년도 더 전에 만들어진 막대기에서 놀라운 기술을 발견했다고 한다. 성덕대왕신종의 막대기는 흔히 강철 막대를 만들 때 사용되는 인발 가공 기술, 쉽게 말해 가래떡을 뽑아내는 것과 같은 기술을 쓰지 않는 대신 세 가지 독특한 기술을 접목한 결과물이었다. 우선, 막대기의 재료를 위해 다양한 합금 기술을 활용했다. 또 매우 튼튼한 철판을 만들기 위해 쇠를 두드리는 메질 기술을 활용했다. 마지막으로 철판을 돌돌 말아 봉으로 만들어 제작하는 방식을 활용한 덕분에 매우 강력한 막대기를 제작할 수 있었다. 이 과정에

성덕대왕신종, 국보 제29호

사진 제공: 경주시 관광자원 영상이미지

서도 해머 용접 기술이 사용됐다.

●

간단한 실험으로 성덕대왕신종을 매단 막대기의 제작
원리를 체험해볼 수 있다. A4 용지는 매우 약하지만 여러
장을 돌돌 말아 봉으로 만들면 구부리기가 매우 힘들어진
다. 종이를 여러 겹으로 말아 뭉치면 외력에 대해 동시에
저항하는 힘이 생기기 때문이다. 물론 어느 한 겹에만 외력
이 집중되면 쉽게 찢어지거나 구부러질 수 있다. 이처럼 어
떤 물질이든 한 겹 한 겹으로는 약하지만 서로 뭉쳐지면 매
우 강한 힘을 만든다는 원리를 일본도와 성덕대왕신종에
서 발견할 수 있다.

사람들 사이에서도 한 사람 한 사람의 노력이 잘 결합
돼야 큰 힘을 발휘할 수 있다. 영화 「레미제라블」 도입부에
는 많은 사람이 대형 선박을 움직여야만 하는 상황이 연출
된다. 이처럼 거대한 물체를 이동시키고자 할 때는 많은 사
람이 동시에 힘을 주거나 빼야 거대한 배를 움직일 수 있다.

물리적 파동에서는 N개의 작은 파동이 결맞게 합쳐지
면 그 세기가 N^2만큼 커지고, 결맞지 않게 합쳐지면 세기

가 N배만큼 커진다고 알려져 있다. 여기서 결맞다는 말은 여러 파동의 산과 골이 일치해 합쳐진다는 의미다. 이런 성질을 가지는 대표적 예가 '레이저' 빛이다. 사람 사이에 일어나는 일로 비유하자면 여러 명의 사람들이 기쁠 때 함께 기쁘고 슬플 때 함께 슬픈 현상과 비슷하다.

등산 용품의 밧줄이나 현수교에 쓰이는 쇠케이블도 작은 섬유 가닥 혹은 금속선을 꼬아 중간 굵기의 케이블을 만들고 또다시 중간 케이블을 꼬아 더 큰 굵기의 케이블을 만드는 방식으로 제작된다. 최종적으로 만든 밧줄이나 케이블이 하중을 받으면 작은 가닥들이 모두 힘을 분산해 받으므로 짐을 잔뜩 멘 등산가는 물론, 현수교의 교량처럼 매우 무거운 물체도 지지할 수 있는 것이다.

만약 여러 가닥을 꼬지 않고 김밥의 속재료들처럼 길쭉한 형태의 케이블을 단순히 서로 평행하게 늘어뜨려 뭉치기만 했다면 하중이 걸리는 순간 약한 가닥부터 차례차례 쉽게 끊어져서 전체 가닥이 모두 끊어지고 말 것이다. 섬유 가닥들이 각개 격파를 당하는 것이다.

"뭉치면 살고 흩어지면 죽는다"는 격언도 충분히 우리의 삶에 도움이 되는 의미를 담고 있지만, 만약 물리적 지식을 더한다면 훨씬 더 효과적인 지혜를 주는 격언으로 거듭날 수 있을 것이다. "뭉치고 두드리고 담금질하고 꼬면 믿을 수 없을 만큼 강해져 살고, 뭉치기만 하면 깨지고 흩어져 죽을 수 있다."

테이블 위 물컵은

왜 혼자 움직이는가

미스터리가 아니다,
격변한 마찰력 때문이다

✦

#물컵 미스터리와 마찰력

미국의 데스밸리^{Death valley}에서는 무거운 돌이 외부의
힘을 받지 않고도 미끄러진 흔적을 쉽게 발견할 수 있다.
미스터리를 좋아하는 사람 중에는 분명 외계인의 소행일
거라며 비과학적 상상을 하는 사람도 있다. 하지만 미국의
데스밸리까지 가지 않아도 우리 주변에서 종종 작은 미스
터리를 경험한다. 간단한 원리만 알면 쉽게 해결되는 생활
속 작은 물리 현상들을 살펴보기로 한다.

데스밸리

한겨울에 추위에 떨다 식당에 들어가 종업원에 뜨거운 물을 요청한 적이 있다면 한번쯤 물이 담긴 컵이 스스로 움직이는 현상을 목격했을 것이다. 왜일까? 정답을 찾기 전에 우선 컵이 스스로 움직이는 현상을 일으킬 수 있는 몇 가지 정황을 모아보자.

첫째, 여름에는 식당에서 컵이 스스로 움직이는 현상을 거의 경험하지 못한다. 그렇다면 여름과 겨울이라는 조건이 다르면 결과도 다르다는 것을 알 수 있다. 둘째, 식당

주인은 이전 손님이 테이블 위에 흘린 국물 같은 오염물을 없애기 위해 물에 적신 행주로 테이블 위를 닦는다. 이때 테이블 위에 작은 물방울들이 맺힐 수 있다. 셋째, 식당에 있는 물컵은 대개 밑바닥이 오목하게 들어간 형태를 띤다. 컵을 거꾸로 두면 약간의 물을 담을 수 있을 정도다.

이제 미스터리한 물리 현상의 진상을 하나하나 풀어볼 때다. 컵에 뜨거운 물을 부으면 테이블과 맞닿은 물컵의 밑바닥 공간에 들어간 공기가 열을 받아 팽창한다. 그리고 테이블 위에 맺힌 작은 물방울들이 컵의 밑 테두리에 원형으로 돌출된 부분과 맞닿은 테이블의 면 사이로 공기가 새지 않도록 얇은 막을 만들어준다. 컵의 오목한 밑부분에서 팽창된 공기가 새어나가지 못하면 압력이 생겨 컵을 위로 살짝 뜨게 만든다. 이때 발생하는 힘의 크기는 대략 5킬로그램에 작용하는 중력의 크기와 비슷하다. 물컵을 충분히 띄워 올릴 수 있는 힘이다. 이 힘의 크기를 대략적인 계산식으로 표현하면 다음과 같다.

1. 온수가 담긴 컵이 받는 부력의 크기에 대한 간단한 계산

이상기체 상태방정식($PV=nRT$)과 1기압이 물기둥 10미터를 떠받칠 수 있다는 사실을 알면 훨씬 더 쉽게 부력을 계산할 수 있다. 이상기체 상태방정식에서 추가 압력은 추가 온도에 비례한다.

뜨거운 물을 붓기 전 컵의 바닥에는 아래위에서 모두 1기압만큼의 힘이 작용하므로 기압으로 인해 컵이 받는 힘의 합력은 0이다. 컵이 받는 힘은 중력이다.

($PV=nRT$)에서 부피 V, 몰수 n, 기체상수 R은 온수를 붓기 전후에 변화하지 않는다. 갇힌 공기의 온도 차이는 그대로 압력의 차이로 나타난다. 뜨거운 물을 부으면 컵 아래에 갇힌 공기의 온도는 약 300켈빈에서 절대온도 350켈빈으로 6분의 1만큼 증가한다면 압력도 1/6기압만큼 증가한다.

따라서 1/6기압만큼의 추가 압력이 위 방향으로 작용한다. 이 압력 차이는 높이 1.4미터(=10미터/6)의 물기둥을 떠받치는 힘을 낸다. 컵의 높이는 겨우 10센티미터 정도이므로 충분히 컵을 위로 떠받치는 힘이 만들어진다. 조금 더 자세히 알아보면, 컵이 아주 살짝 들리면서 부피가 증가하므로 압력의 증가치는 1/6기압보다는 아주 조금 낮을 것이다.

2. 온수가 담긴 컵이 받는 부력의 크기에 대한 더 자세한 계산

컵 바닥의 오목한 면이 가지는 면적(반경 3센티미터)

$$A = \pi r^2 = \pi 3^2 = 27cm^2$$

이 면적에 1.4미터의 높이를 가진 물기둥의 질량은 3.78킬로그램이다. 따라서 1/6기압의 추가 압력은 3.78킬로그램의 물건을 들 수 있는 힘이 된다. 컵과 온수의 무게를 다 더해도 무게는 보통 이것보다 작다.

●

다시 테이블 위로 돌아오면 물컵과 테이블 간 마찰은 고체-고체 간 마찰이 아니라 고체-수막-고체 간 마찰로 바뀌며 물컵과 테이블 사이 마찰력이 크게 줄어든다. 그러면 테이블이 아주 조금만 기울어져 있어도 물컵이 미끄러지게 된다. 이때 만약 물컵 밑바닥이나 테이블이 울퉁불퉁하면 팽창한 공기가 새어나가므로 미끄러지지 않는다. 이와 같은 원리를 응용한 호버 크래프트Hover craft라는 공기부양정도 바닥과의 마찰력을 줄여 평지나 수면 위에서 적은 힘으로도 수평 고속 이동을 하는 수송수단이다.

앞서도 설명했듯 여름철에는 물컵이 스스로 움직이는

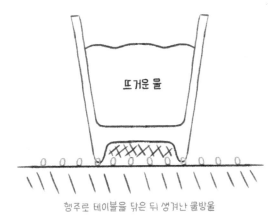

뜨거운 물

행주로 테이블을 닦은 뒤 생겨난 물방울

식당 테이블의 물컵이 움직이는 원리

현상을 볼 수 없다. 대체로 식당에서 뜨거운 물을 주지 않기 때문이다. 그리고 물컵에 차가운 물을 부으면 물컵 밑의 공간에 갇힌 공기가 수축해 물컵이 바닥을 누르는 힘이 더 커진다. 즉 물컵과 테이블의 면에 생기는 저항력이 더 커지게 된다.

●

물컵이 스스로 움직이는 원리를 알게 됐으니 데스밸리에서 움직이는 돌의 미스터리도 과학적으로 설명할 수 있을 것이다. 데스밸리의 움직이는 돌도 겨울철 식당의 물컵처럼 주로 겨울에 일어나는 현상이다. 사막을 관광할 경우 대부분 낮에 돌아다니므로 사막의 밤이 얼마나 추운지를 간과한다. 하지만 겨울이 되면 사막에도 얇은 얼음이 생기곤 한다. 아침해가 뜨고 관광객이 도착할 때쯤이면 얼음이 전부 녹아 없어지는 탓에 사람들이 잘 모를 뿐이다.

　과학자들이 사막에 카메라를 설치하고 밤새 촬영한 결과를 보면 밤 동안 돌의 표면과 계곡의 바닥이 얼어 얇은 얼음막이 형성된다고 한다. 자연계에서 관측되는 마찰력 중에서 얼음과 얼음 사이의 마찰력은 가장 작은 축에 해당한다. 심지어 100킬로그램이 넘는 돌도 얼음막 위에 있으면 작은 바람에도 쉽게 움직일 정도다.

　얼음의 또 다른 성질을 이해하려면 호수의 수면에 둥둥 떠다니는 얼음을 살펴봐야 한다. 얼음은 물보다 밀도가 낮고 가벼워 물 위에 뜬다. 게다가 호수 위에 둥둥 떠다니는 얼음이 수면을 빈틈 없이 채우기 시작하면 얼음 밑 호수의 물이 차가운 공기에 노출돼 냉각되는 것을 막아주는 효과가 있다. 유체 상태인 물은 대류 현상을 통해 쉽게 열을 전달하지만 고체 상태인 얼음은 물보다 상대적으로 열전도가 훨씬 느리기 때문이다. 그 결과 강추위가 계속돼도 호수의 식물들과 물고기들은 얼지 않고 겨울을 지낼 수 있다. 이처럼 얼음의 독특한 성질이 사막이나 호수에서도 다양한 자연 현상을 일으키는 원인이 된다.

물이 얼음으로 바뀌면 달라지는 특징이 한 가지 있다. 잘 알려진 바처럼 부피가 팽창한다는 것이다. 일반적인 고체는 온도가 차가워지면 부피가 감소하지만, 얼음은 온도가 차가워지면서 팽창한다. 이와 같이 팽창하는 얼음의 물리적 특징으로 인해 얼음들이 서로 부딪치고 갈라지며 심지어 강가 위로 기어오르듯 이동하기도 한다. 과거의 문인들은 이러한 얼음의 특징으로 나타나는 현상을 "시베리아의 매우 추운 강에서는 밤에 강이 우는 소리가 들린다"처럼 문학적으로 표현하기도 했다. 강이 우는 소리가 바로 얼음이 서로 부딪치며 나는 쩡쩡거리는 소리였던 것이다. 실제로 얼음이 내는 소리가 궁금하다면 유튜브에서 찾아 들어볼 수 있다. 만약 과거의 사람들이 얼음의 냉각 팽창 원리를 알았다면 강이 운다는 문학적 표현은 없었을지도 모를 일이다.

「얼어붙은 강 위의 사람들」, 찰스 레이커트

물컵과 얼음의 물리적 현상을 설명하며 살펴본 마찰력의 정의는 운동하려는 반대 방향으로 작용하는 힘이다. 신발이나 타이어와 도로 사이에도 마찰력이 생긴다. 자전거, 자동차, 비행기가 공기로부터 받는 마찰력도 있다. 수영 선수나 물고기는 물로부터도 마찰력을 받는다.

단거리 육상 선수나 사이클 선수들은 공기의 저항이 기록에 많은 영향을 미친다. 세계 정상급 선수들이 경기하는 모습을 보면 저항을 조금이라도 더 줄이기 위한 신기술이 적용된 경기복이나 자전거를 활용하는 모습을 볼 수 있다. 때로는 자신의 뒤에서 바람이 불어주기를 바라기도 한다. 그러다 보니 공기의 밀도가 낮은, 즉 공기의 저항이 상대적으로 적은 고원지대에서 단거리 육상 선수들이 좋은 기록을 많이 세우기도 한다.

하늘을 나는 새도 공기가 없다면 더 빨리 날아갈 거라고 생각하는 사람이 있을지 모른다. 더불어 비행기도 공기의 마찰력이 작다면 연비가 더 좋아질 것이라고 말이다. 그러나 공기가 없다면 새와 비행기는 나는 것 자체가 불가능해진다. 새는 날개로 공기를 아래로 눌러야 위로 날아오를 수 있다. 만약 공기 없이 비행을 하려면 추진 로켓이 필요하다. 즉 질량을 가진 입자를 끊임없이 반대 방향으로, 그것도 고속으로 쏘아줘야 한다. 대기층을 날아다니는 일반 비행기에 비하면 여러모로 가성비가 나쁜 비행 방식이다. 더욱이 로켓을 띄우기 위해서는 부피의 90퍼센트 이상을 차지할 만큼 굉장히 큰 연료 탱크가 필요하다는 단점이 있다.

자동차가 도로를 달릴 때에도 공기와의 마찰력이 발생한다. 자동차의 디자인을 유선형으로 만드는 것도 마찰력을 줄이기 위한 노력이다. 자동차나 비행기 설계 시 디자이너와 엔지니어들은 풍동wind tunnel(바람동굴)이라 불리는 동굴처럼 생긴 실험 공간에 모형을 두고서 공기의 흐름이 모형의 표면에서 어떻게 바뀌는지를 확인한다. 사이드미러의 전면을 둥글게 만들고 차량 후면도 부드러운 유선형 디자인으로 만드는 것도 모두 마찰력을 줄이기 위한 실험을 통해 얻은 결과물인 셈이다.

한편 승용차의 뒷부분이 버스처럼 수직으로 각이 잡히면 마찰력이 오히려 증가한다. 이를 두고 '드래그drag'가 크다고 표현한다. 뒷부분에 수직으로 각이 생기면 차량이 고속으로 이동할 때 공기의 밀도가 갑자기 줄어들어 전후방 압력차가 생겨 승용차의 진행 방향과 반대 방향으로 큰 힘이 작동한다.

또 제로백이 5초대 이내인 슈퍼카들이 순간적으로 고속을 내려면 무엇보다 타이어가 도로 바닥에서 미끄러지지 말아야 한다. 도로를 움켜쥐고 달린다는 표현 그대로다. 제아무리 바퀴가 빨리 돌아도 바퀴가 도로 위에서 미끄러지면 차량은 빨리 달릴 수 없다.

슈퍼카의 후면에 스포일러나 윙과 같은 디자인 요소를 추가하는 것은 고속으로 달릴수록 차량의 표면을 스쳐 지나가는 공기가 차체를 도로 쪽으로 더 눌러주어야 하기 때문이다. 결과적으로 마찰력은 커지고 연비는 굉장히 나빠지지만, 바퀴가 헛도는 것을 막아주는 덕분에 시속 400킬로미터 이상으로 달리는 것은 물론, 급커브를 틀 때에도 전복되지 않고 땅에 붙어서 달릴 수 있는 것이다.

특히 경기용 차량에 부착하는 스포일러는 속도에 따라 접지력을 자동으로 조절하기에 그 자체만으로도 중형 세단보다 가격이 더 비싼 편이다. 일반 승용차의 스포일러도 자동차 후면의 드래그를 감소시켜줘 연비 개선에 도움을 준다.

비슷한 원리로 골프공에는 파인 홈을 뜻하는 딤플이 300~500개가 있다. 만약 딤플이 없으면 골프채로 공을 쳤을 때 공이 날아가는 방향의 앞쪽 공기는 1기압이지만, 날아가는 방향의 반대쪽 공기는 저기압으로 떨어진다. 이때 압력 차로 인해 진행 방향과 반대로 큰 힘과 저항이 생긴다. 딤플은 골프공에 발생하는 드래그를 감소시켜 공이 덜 휘어지고 더 많이 날아가게 만들어주는 역할을 한다.

이처럼 공기의 마찰력이나 타이어와 도로의 마찰력은 대부분 운동을 방해하고 자동차, 비행기, 자전거 같은 이동 수단의 연비를 급격하게 떨어뜨린다. 하지만 타이어와 도로의 마찰력을 잘 활용하면 경주용 자동차들은 더 빠르게 달리고 더 급한 커브를 안전하게 돌 수 있다. 또 생태계에서는 공기의 마찰력 덕분에 새가 하늘을 날 수 있고, 하늘 높은 곳에서 떨어지는 비는 지표면에 도달하는 동안 공기의 마찰력을 받아 속도가 20~100배 줄어들기 때문에 지표면에서 생활하는 생명체들이 안전하게 생활할 수 있다.

시인, 비평가, 철학자로 유명한 니체는 『우상의 황혼

Twilight of the Idols』에서 "나를 죽이지 못하는 것은 나를 더 강하게 만든다"라고 말했다. 마찰력이라는 물리적 용어를 니체의 말에 대입해보면 앞서 설명한 물리 현상의 원리가 더 분명하게 와닿는다. "나를 죽이지 못하는 마찰력은 나를 더 강하게 만든다." 때로는 공기나 물과 같은 저항 요소의 마찰력이 인간이나 기계의 능력을 온전하게 끌어내지 못하게 방해하는 요인이 되기도 한다. 하지만 제아무리 거대한 마찰력일지라도 물리 지식을 잘 활용한다면 니체가 말한 것처럼 그 능력을 온전하게, 심지어는 더욱 강하게 끌어내줄 것이다.

모든 등산복,

등산 가방에 끈이 달린 이유

무리하지 않는 선에서
힘을 줄 수 있다

✦

#필요한 힘과 강체

한겨울에 강추위가 닥치면 입는 롱패딩에는 지퍼가 달려 있다. 만약 지퍼가 아닌 단추를 이용해야 한다면 어떨까? 추운 겨울에 실내로 들어가 추위에 얼어붙은 손으로 단추를 하나씩 풀면서 마음속으로 '참을 인' 자를 여러 번 새겨야 할지 모른다. 만약 단추를 분실하기라도 하면 같은 단추를 찾아 수선하느라 고생해야 할 것이다.

지퍼가 발명되기 전까지 사람들은 단추에 익숙한 생활을 했다. 단추가 주렁주렁 달린 옷을 입었고, 중·고등학교에서는 기본적인 바느질을 배우기도 했다. 지금도 해외에서 호텔에 묵을 때면 객실에 작은 반짇고리 세트가 비치된 것을 보곤 한다.

지퍼의 발명은 혁명과도 같았다. 옷을 입고 벗는 시간을 절약해줬고 단추와 비교하면 고장도 잘 나지 않는 편이기 때문이다. 여행 가방을 단추로 여닫는 상상을 하면 불편하고 위험할 것 같은 생각이 들 정도다.

그런데 언제부턴가 지퍼 손잡이에 있는, 끈으로 만든 고리가 눈에 들어왔다. 특히 거의 모든 등산복이나 등산용 가방의 지퍼 손잡이에 1~2밀리미터 굵기의 끈으로 만든 고리가 달려 있다. 여기에는 매우 쉬운 과학 원리가 숨어 있다.

●

지퍼 슬라이더를 움직일 수 있는 지퍼 손잡이는 대개 얇고 긴 금속 막대기 형태로 만들어진다. 지퍼의 금속 재질을 구성하는 많은 원자 간 상호 거리는 거의 바뀌지 않고 일정하다. 이를 물리에서는 강체라고 부른다. 나무와 금속으로 만들어진 거의 모든 물체가 강체로 취급된다. 강체인 막대기 형태의 지퍼 손잡이는 미는 힘, 당기는 힘, 옆으로 치는 힘을 지퍼 슬라이더에 모두 전달한다. 그런데 지퍼를 여닫을 때는 지퍼의 레일 방향으로 당기거나 미는 힘만 지퍼 슬라이더에 필요하고 나머지 힘은 불필요하다. 불필요한 힘이 지퍼에 전달되면 지퍼의 수명을 단축할 뿐이다.

이때 지퍼 손잡이에 끈이 달리면 당기는 힘만 줄 수 있으므로 불필요한 힘을 주지 않고 작은 힘으로도 지퍼를 여닫을 수 있다. 지퍼 손잡이를 바로 잡고 슬라이더를 당길 때와 끈을 매단 손잡이를 이용해 슬라이더를 당길 때를 비교하면 끈을 이용할 때 지퍼를 당기는 힘이 지퍼의 방향과 이루는 각도가 더 작아진다. 끈을 이용하면 더 작은 힘으로도 지퍼를 여닫을 수 있는 것이다. 바꿔 말하면 지퍼에 수직 방향으로 가해지는 힘은 지퍼의 마찰력을 증대시켜 지퍼를 닳게 만든다. 특히 지퍼 레일이 옷과 연결된 봉제선을 지속적으로 손상시킨다.

그런데 간혹 지퍼 레일에 손수건이나 명찰의 끈, 안에 입은 옷의 깃 등과 같은 이물질이 끼는 경우가 있다. 이때 금속성의 슬라이더를 당기다가 이물질과 슬라이더 사이에 무리한 접촉이 생기면 둘 중 하나가 파손되기 쉽다. 이런 경우

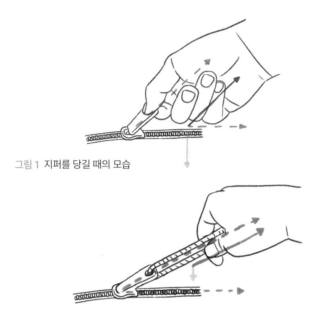

그림 1 지퍼를 당길 때의 모습

그림 2 지퍼에 달린 끈을 당길 때의 모습

끈으로 잡아당기면 끈이 조금 늘어나면서 충격을 완화해 주는 역할을 한다. 그리고 조금 늘어난 시간 동안 사용자가 알아차려 적절한 때에 손으로 가하는 힘을 뺄 수 있다.

●

고기능성의 등산복은 무게를 줄이기 위해 지퍼도 가볍고 지퍼 손잡이도 작게 만든다. 그런데 작게 만들다 보면 지퍼 손잡이를 찾거나 잡아서 열기가 어려워진다. 또 8,000미터가 넘는 고산에서는 극강의 추위로 인해 손가락이나 발가락을 잃어버리는 동상 사고가 자주 발생한다. 이때 끈을 손잡이에 달면 모든 문제가 한 번에 해결된다. 등정 중에 얼어버린 손, 장갑을 낀 손, 극단적으로는 한 손가락만 남은 손으로도 지퍼를 쉽게 여닫을 수 있으려면 반드시 지퍼 손잡이에 끈이 달려 있어야 한다.

고산 등반과 같은 극한의 환경은 차치하고라도 지퍼 손잡이에 끈이 달려 있으면 겨울철에 얼어붙은 손이나 장갑을 낀 손으로도 쉽게 지퍼를 조작할 수 있다. 또 지퍼를 여닫기 위해서 지퍼의 손잡이를 잡으려면 손가락 두 개가 필요하지만 끈을 달아놓으면 손가락 한 개만을 끈의 구멍에 끼워서 여닫을 수도 있다. 아마도 이것이 웬만한 등산용품과 겨울 용품에 끈이 달린 지퍼를 부착한 이유라 추측된다.

이렇듯 지퍼 손잡이에 달린 끈은 작은 힘으로 지퍼를 여닫을 수 있고, 지퍼의 파손을 일으키는 불필요한 힘을 줄이는 역할을 하는 고마운 존재다. 또 이물질이 끼었을 때 파손을 피할 수 있고, 장갑 낀 손이나 한 손가락으로도 지퍼를 찾고 여닫을 수 있는 팔방미인의 역할을 한다. 이처럼 작은 것 하나가 일상생활에 큰 편리와 변화를 제공한다.

요즘은 아예 금속형 지퍼 손잡이 대신 끈으로만 만든 지퍼 손잡이를 부착한 제품들도 등장하고 있다. 지퍼 손잡이를 끈으로 대체하면 파손 시에 현장에서 즉시 텐트의 타프 고정용 끈이나 기타 다양한 끈으로 대체해 수리하는 것도 가능하다. 지퍼에 달린 끈처럼 작지만 강력한 힘을 발휘하는 과학 원리들이 쓸데없이 힘을 빼지 않도록 우리를 도와주고 있다.

겨울에 왜 우리는

금속 벤치가 아닌

나무 벤치에 앉는가

나무보다 금속이 체온을
빨리 뺏어가기 때문이다

✦

#슬기로운 겨울 생활과 열전도

우리 몸이 느끼는 온도는 내 몸이 가지는 열량, 외부의
열량, 그사이에 열전도 되는 열량의 평형을 통해 결정된다.

열전도熱傳導, thermal conduction: 열이 중간 물질을 통해 고온 부분
에서 저온 부분으로 이동하는 현상이다.
열전도율: 열전달을 나타내는 물질의 고유한 성질을 의미한다.
열전도율의 SI 단위는 $W/(m \cdot K)$이다. 1기압, 섭씨 20도 조건에
서 공기의 열전도율은 0.026로 낮으며, 물의 열전도율은 대략

0.61이고, 구리의 열전도율은 약 384로 매우 높다. 특이하게도 전기를 전혀 통하지 않는 순수한 다이아몬드의 열전도율은 895~1350으로 매우 높아서 첨단 기기에 주로 사용된다. 높은 열전도율을 가지는 물질은 열을 흡수하는 데 쓰이고, 낮은 열전도율을 가지는 물질은 단열재로 쓰인다.

열전도 현상을 분명하게 알 수 있는 대표적인 장소가 사우나다. 사우나에는 건식사우나와 습식사우나 두 종류가 있다. 건식사우나에 있으면 건조해 코와 입이 마르는 느낌이고, 습식사우나에 있으면 아주 진한 수증기가 있어 2미터 앞에 있는 것도 흐릿하게 보인다. 그런데 각 사우나 온도계를 살피면 건식은 대략 섭씨 80~90도인데도 참을 만하고, 습식은 섭씨 50~60도 정도에 불과한데 굉장히 뜨거운 느낌을 많이 받는다. 왜 건식사우나의 온도가 습식사우나의 온도보다 높을까?

건식사우나의 경우, 피부 주변 공기가 매우 건조하다. 건조한 공기는 열용량이 매우 작아서 조금만 열량을 주입해도 금방 온도가 올라간다. 예를들어 섭씨 90도의 건조한 공기가 가지고 있는 열량은 아주 작다. 이때 피부에 건조한 공기가 닿으면 공기는 피부를 데우고 피부는 공기를 식히려고 한다. 또 열용량 면에서 보면 물이 많이 포함된 사람의 피부와 살은 건조한 공기보다 열용량이 매우 크다. 예를 들어 섭씨 85도의 건조한 공기 속에 체온이 섭씨 36.5도인 사람이 들어가 있으면 평형 온도는 사람의 체온 쪽으로 훨씬 더 가까워진다. 예를 들면 평형 온도는 섭씨 40도에 맞춰진다.

반면 습식사우나의 경우, 공기에 다량의 습기가 포함돼 있어서 섭씨 55도의 축축한 공기도 매우 많은 열량을 가지고 있다. 따라서 피부의 평형 온도는 축축한 공기의 온도인 섭씨 55도와 사람의 체온인 섭씨 36.5도 사이에서 상대적으로 축축한 공기의 온도에 조금 더 가깝게 맞춰진다. 예를 들면 평형 온도는 섭씨 40도에 맞춰진다. 하지만 만약 습식사우나 온도가 섭씨 85도라면 피부의 평형 온도는 예를 들면 섭씨 50도에 가까워질 것이다.

●

사우디아라비아의 건조한 사막과 싱가포르, 대만, 일본처럼 습도가 높은 나라에 가본 사람들은 알 것이다. 건조한 사막에서 그늘을 찾아가면 시원함을 느끼지만, 싱가포르에서는 그늘에 숨어도 더울 뿐이다. 습기가 많은 공기는 그늘에서도 열을 많이 가지고 있기 때문이다. 반면 건조한 사막에서 태양 빛이 피부에 직접 닿지 않는 그늘에 있으면, 그늘에 있는 공기가 열을 적게 가지고 있기 때문에 시원하다. 따라서 같은 온도 조건이라면 습식사우나보다 건식사우나에서 훨씬 덜 덥다고 느껴진다.

우리나라에서 겨울철에 공원을 찾았다가 나무 벤치와 금속 벤치를 발견하면 자연스럽게 나무 벤치에 앉는 것도 같은 원리다. 나무는 내부에서 열전도가 매우 느리게 이뤄진다. 사람의 엉덩이와 거리가 가까운, 즉 피부 쪽과 맞닿은 나무만 체온으로 가열이 되고 피부와 거리가 먼 나무 내부로는 내 몸의 열이 매우 천천히 전달된다. 반면 열전도가 빠르게 이뤄지는 금속은 사람의 엉덩이와 거리가 먼 부분까지도 내 몸의 열이 빨리 전달된다. 그래서 몸에서 끊임없이 열이 빠져나가는 느낌이 드는 것이다.

●

우리 신체 내에서도 열전도 현상을 느낄 수 있는 부위

가 있다. 바로 치아다. 치아의 표면은 에나멜로 불린다. 충치가 생겨 에나멜이 손상된 사람은 금이빨로 대체하는 치료를 받아야 한다. 그런데 금니를 심은 사람은 뜨거운 음식이나 차가운 음식에 더 많이 고통을 느낀다.

참고로 에나멜은 미네랄(대표적으로 $Ca^{10}(PO^4)^6(OH)^2$)과 물과 유기물의 혼합으로 이뤄진 반투명 물질이다. 색상은 밝은 노란색에서 회색빛이 조금 감도는 흰색이지만 푸른빛이 감도는 경우도 있다. 실제로 북유럽의 해양 민족의 두목 중에 푸른 이빨blue tooth이라는 별명을 가진 사람이 있었다. 북유럽을 통일한 해양 민족의 기개를 닮고자 하는 의도에서 특정 무선 통신 기술의 명칭을 블루투스로 정했다고 한다.

에나멜은 열적 단열재라서 우리가 입에 머금는 국물과 이빨의 뿌리 신경 간에 열전달 속도가 느리다. 그 덕분에 이빨 뿌리 부분의 온도가 입안에 들어온 국물의 온도보다 체온에 조금 더 가깝게 유지될 수 있다. 한편 이빨 뿌리에는 신경이 집중돼 있어 치아의 온도 변화와 이상 현상에 민감하게 반응한다. 만약 에나멜이 손상돼 금니로 대체하면 열전도가 매우 빠른 금의 성질에 의해 이빨 뿌리 부분이 순식간에 뜨거워지거나 차가워진다. 따라서 자신이 금니를 갖고 있다면 뜨거운 국물을 마시거나 차가운 얼음물을 마실 때 고통을 느끼지 않도록 주의하는 것이 좋다.

치아 치료와 비슷하게 교통사고나 추락사고 등을 당해 철심 같은 금속성 보조장치를 몸에 박는 수술을 한 이후에도 그 금속을 통해 열이 매우 빠른 속도로 전달되는 비정상적인 상황을 경험한다. 또 플라스틱이 아닌 금속제로 만들어진 안경테 또는 귀걸이를 하고 있다면 사우나에 들어갈 때 주의해야 한다. 안경의 금속 성질이 뜨거운 열을 훨씬 더 신속히 받아들여 피부에 훨씬 더 많은 열이 전달되기 때문이다.

우리 몸은 이상을 일으키는 감염 같은 생화학적 요인의 위험에 매우 민감하다. 이제는 또 다른 위험을 감지할 수 있어야 한다. 우리 몸과 다른 물리적 성질을 가진, 열전도가 잘 이루어지는 물건을 지니는 것만으로도 고통을 경험할 수 있다.

의심하고 질문하면
비로소 진실에 가까워진다

영화 「캐리비안의 해적」에는 문어의 모습을 한 거대한 바다 괴물 크라켄이 등장한다. 이 크라켄은 중세시대 그림과 소설에서도 찾아볼 수 있다. 올림푸스 신도 두려워했다는 크라켄은 과연 실재했을까? 존재했으나 멸종했다면 크라켄의 화석이 남아 있을 것이다. 크라켄은 유니콘 같은 상상 속 동물에 불과하다. 그렇다면 왜 과거 사람들은 무시무시한 크라켄을 상상했을까?

중세 유럽을 배경으로 한 공주와 왕자 이야기가 많이 있다. 1967년 등장한 샤를 페로Charles Perrault의 동화 「잠자는 숲속의 미녀」와 그림 형제의 동화 「라푼젤」을 예로 들 수 있다. 착하고 현명한 공주, 용감한 왕자를 주인공으로 한 아름답고 환상적인 이야기로 그려진 동화와는 달리, 실제 중세 유럽의 대다수 국민은 성城, castle에서 생활하는 귀족들을 위해 농업 노예로 힘들게 살았다. 귀족과 성주는 지위와 재산을 위협하는 이를 가만두지 않겠다며 성 안에 고문실을 두는 악랄한 태도를 보이기도 했다.

대항해 시대로 불리던 시기에는 많은 귀족이 큰 수익을 벌어들이는 무역 사업을 했다. 무역선이 교역에 성공해 돌아오면 5배 이상의 이익이 발생했다. 무역선 노예 선원들은 배의 주인이 취할 이익에 반하는 행동을 하면 고문을 당했고 선원의 가족까지 고초를 겪었다.

간혹 배를 이용한 교역 도중 해적선의 공격을 받아 물자를 빼앗기고 태풍이나 암초를 만나 배가 침몰하는 일도 발생했다. 귀족 선주는 의도적인 절도 행위인지, 자연 재해로 인한 침몰인지를 알아내기 위해 구사일생으로 살아서 돌아온 선원 몇 명을 고문하는 일도 벌어졌다. 그러면 선원들은 고문을 조금이라도 덜 당하기 위해 배의 파손을 설명하는 가설을 만들어야 했다.

당시 북유럽에서는 몸 길이 10미터가 넘는 대왕오징어가 잡혔다고 한다. 그런데 제아무리 큰 오징어라도 높이 50미터의 배를 침몰시키기 어려우므로 선원들은 몸 길이를 열 배 이상 과장하고, 오징어보다 크고 근육질인 100미터짜리 문어가 배를 침몰시킨 주범이라고 이야기했다. 이렇게 문어 괴물의 전설 크라켄이 등장했다.

당시 고문을 당한 선원들은 공통적으로 "악취를 풍기는 바닷물에서 수많은 물방울이 생겨나면서 바다가 부글부글 끓었고, 이 때문에 배가 침몰했다"고 진술했다. 이 진술이 크라켄의 진짜 정체를 알 수 있는 중요한 실마리였다.

기체는 저온 고압일 때 액체에 훨씬 더 잘 녹아 들어간다. 온도가 낮고 압력이 높은 상태에서 물과 메탄이 만나면 물 분자 속에 메탄 분자가 들어가 흰색 고체인 메탄수화물이 만들어진다. 마치 드라이아이스와 비슷하게 생긴 물질이다.

또한 온도와 압력에 따라 눈과 얼음이 다르게 분포하듯이 메탄가스와 메탄수화물의 분포도 바닷물의 온도와 압력에 따라 달라진다. 선원들이 "바닷물이 악취를 풍기며

부글부글 끓었다"라고 진술한 이유는 당시 바다 해수면에 메탄 기체가 가득했기 때문이다. 방금 냉장고에서 꺼낸 콜라의 뚜껑을 열면, 온도가 올라가고 압력이 낮아져서 콜라(액체) 속에 녹아 있던 탄산가스(기체)가 흘러나오는 것과 같은 원리다.

이렇듯 메탄 기체가 바닷물에 녹아 들어가 흐르다가, 심해에 도착하면 저온 심해의 높은 수압 때문에 메탄수화물이 된다. 메탄수화물은 바닷물보다 밀도가 낮아서 수면으로 떠오른다. 수면에 떠오르면서 온도가 높아지면 다시 물과 메탄기체로 분리된다. 그렇다면 심해저에는 어떻게 메탄수화물이 축적될 수 있을까? 메탄가스가 해저에서 짧은 시간에 대량으로 방출되려면 일단 메탄수화물이 해저에 축적되도록 만드는 원인이 있어야 한다.

약 200미터 깊이 대륙붕 바다 바닥에는 육지로부터 아주 오랜 세월 동안 유입된 퇴적물이 있다. 그 안에는 많은 유기물도 침전돼 있다. 이 유기물이 생성하는 메탄가스가 '저온, 높은 수압'이라는 조건에서는 물과 화합해 메탄수화물 고체를 형성한다. 메탄수화물 합성 조건은 '섭씨 0도, 26기압', '섭씨 10도, 76기압' 정도로 알려져 있다. 200미터 바닷속이라면 수온은 섭씨 10도 이하이고 압력은 200기압이니 충분히 합성 가능하다.

메탄수화물은 비중이 약 0.9로 물보다 가볍지만 대륙붕의 두꺼운 침전물 속에 갇혀 있다. 메탄수화물 고체 함유량은 바다에 따라 다르다. 1995년 미국 플로리다 앞바다에서 함유율 2퍼센트의 메탄수화물이 확인된 뒤, 일본 시즈오카현 앞바다에서도 20퍼센트의 메탄수화물을 함유한 해저 지층이 확인됐다. 2001년까지 확인된 것 가운데 세계 최고의 양질을 자랑하지만 메탄수화물이 흙과 뒤섞여 있어 분리하는 데 비용이 들기 때문에 아직 경제성은 부족하다.

메탄수화물로 뒤덮인 심해저에 해저 화산 폭발 또는 난류로 열이 유입되면 어마어마한 부피의 메탄 기체가 메탄수화물에서 분리되면서 물 위에 계속 떠오르게 되고 해수면은 물 반, 기체 반이 된다. 물 반, 메탄 기체 반인 바다에서는 바닷물의 밀도가 절반인 0.5로 낮아진다. 메탄 기체의 밀도는 물의 밀도보다 약 1,000배 낮기 때문이다. 무역선은 일반적인 바다에서는 잘 떠 있지만 물 반, 기체 반인 바다에서는 침몰하게 된다. 참나무, 사과나무, 자작나무, 벚나무, 밤나무 등 수없이 많은 나무도 이런 바다에서는 가라앉고 만다.

무역선이 침몰한 이유는 배가 잘 떠 있을 수 있는 일반적인 바다가 아니라 물 반, 기체 반인 바다를 항해했기 때문일 것이다. 게다가 선원들이 목격한 냄새 나는 물방울 속 기체의 주 성분은 메탄가스였지만 과학 지식이 없던 그들에게는 수많은 물방울이 마치 양치질을 하지 않은 거대한 문어 괴물 크라켄이 호흡하는 것으로 보였을 것이다. 아는 만큼 보인 것이다.

만약 잭 스패로가 물리를 알았다면 거대한 바다 괴물은 존재하지 않는다고 확신해 두려움 또한 느끼지 않았을 것이다. 선원들 역시 크라켄이라는 전설 속 괴물을 창조해 변명하지 않고도 배가 침몰한 이유를 분명하게 설명할 수 있었을 것이다.

●

메탄 기체는 바다 위의 하늘을 나는 비행기들에게도 영향을 미친 것으로 보인다. 1925년 4월, 일본 화물선 리히 후쿠마루호가 버뮤다 섬 근처에서 자취를 감췄다. 그로부터 20년이 지난 1945년 12월, 또 다시 버뮤다 섬 근처에서 미국 로더데일 공군기지에서 출발한 해군 폭격기 5대가 흔적도 없이 사라졌다. 버뮤다제도와 플로리다, 푸에르토리코를 잇는 삼각형의 해역 '버뮤다 삼각지대'에서 일어난 일이다.

2010년 8월, 호주 모내시대학의 조지프 모너핸Joseph Monaghan 교수는 버뮤다 삼각지대에서 발생한 항공기 실종을 '메탄수화물 가설'로 설명했다. 저고도는 공기 밀도가 충분하기 때문에 저고도를 나는 비행기는 초창기 저출력 엔진을 장착하고도 날개가 주는 부양력을 얻을 수 있다. 당시에 제작된 비행기들은 프로펠러 엔진 기반으로 제작돼 주로 저고도에서 비행을 했다. 또 이때 만들어진 비행기는 엔진에서 불꽃이 튈 때가 많았다. 특히 가연성 메탄 기체가 공기 속에 일정 비율 이상 들어가게 되면 불꽃으로 인해서 폭발이 쉽게 일어난다.

하지만 최근에 제작된 제트 엔진 기반의 비행기들은 고도가 높은 곳(약 10킬로미터)을 날아다닌다. 해수면 위 저고도는 메탄기체 농도가 높지만 이렇게 높은 고도에서는 메탄 기체가 사방팔방으로 퍼져나가 희석돼버리므로 비행기가 폭발의 위험으로부터 안전한 편이다.

●

한편 1988년, 전 세계 과학자들이 모여 지구의 구조를 밝혀내기 위한 심해 굴착 계획 사업에 착수했다. 이때 버뮤다 심해저에 메탄가스가 물과 결합해 형성된 고체 결정이 존재한다는 사실이 밝혀졌다. 선박은 물에 뜨려는 힘, 즉 부력이 선박의 무게보다 크기 때문에 바다에 떠 있을 수 있다. 하지만 해저의 갈라진 틈에서 대량으로 발생한 메탄 거품에 붙잡히면 부력을 잃고 바다 밑으로 침몰하게 된다.

물론 버뮤다 삼각지대 실종 미스터리를 설명하는 메탄 수화물 가설을 반박하는 이론도 존재한다. 첫째, '자기장 이론'은 버뮤다 삼각지대에 강력한 자기장이 발생해 항공기 GPS 장치에 결함이 생겨 사고가 났을 것이라는 주장을 담고 있다. 둘째, '교통량 문제'를 제기하는 사람들이 있다. 이들은 버뮤다 삼각지대가 대서양 무역이 활발하게 이루어지는 곳이므로 선박·항공 운행 빈도가 높아 실종 사고가 자주 발생하는 사실을 근거로 제시한다.

메탄수화물은 2억 5000만 년 전에 일어난 '생물 대멸종' 주범으로 꼽히기도 한다. 페름기가 끝나는 순간에 시작되어 트라이아스기 초기에 이르기까지 계속된 생물 대멸종을 설명하는 가설로 운석 충돌설, 화산폭발설, 지구 기온 격변설 등 여러 가능성이 제기됐다.

그중 하나로 '메탄수화물 대기 유입 가설'이 있다. 이 가설에 따르면 지구 내부 맨틀이 대류하면서 열 덩어리가 치솟았고, 이것이 지구 외각의 얇은 지각과 충돌하면서 광범위한 화산 폭발을 일으켰다. 그 결과 심해 바다가 끓었고 고체 상태로 바닷속에 있던 메탄가스가 기화하며 대량 분출되면서 온난화가 진행됐다는 가설이다. 중세의 대형 무역선과 기관총을 장착한 프로펠러 전투기뿐만 아니라 거대한 몸집과 이빨을 자랑하는 티라노사우루스도 이 메탄가스는 이기지 못한 듯하다.

●

연 평균 기온과 해수 평균 기온 1~2도의 변화는 재앙을 초래한다. 메탄은 대표적인 온실가스다. 따라서 심해저에서 대량의 메탄가스가 대기로 분출되면 지구 전역에서 이상기온 현상이 발생하게 된다. 메탄수화물은 심해저에만 존재하지 않는다. 극지방의 영구동토Permafrost 땅밑에도 많이 묻혀 있다. 육지에서 셰일가스를 추출하기 위해 사용하는 고압의 물 분사도 땅속 깊은 곳 메탄수화물이 인위적으로 생성되는 원인이다. 대항해 시대의 선원들이 크라켄이라는 전설 속 괴물을 창조해낼 때만 해도 메탄가스가 지구에 이상기온을 일으키는 원인일 거라고는 상상하지 못했을 것이다. 오늘날 과학적 관찰과 분석의 발달로 메탄가스의 존재와 영향력을 확인한 이상, 우리에겐 제2의 크라켄과 같은 전설보다는 전 지구적인 재앙에 대비할 수 있는 지식을 미래 세대에게 전달할 책임이 있다.

**내게 신이란
우주 만물에 대한 나의 경외감이다.**

My sense of God is
my sense of wonder about the Universe.

———————

알버트 아인슈타인

3부

우주와 물리

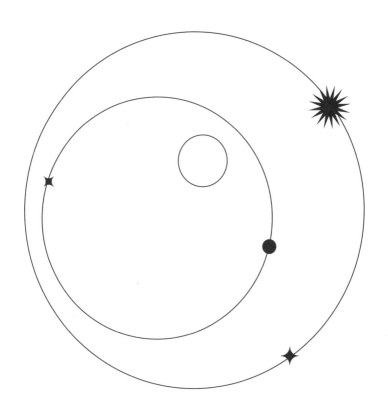

나와 우리, 지구 너머를 상상하는 힘

두 번째 지구를

만들 수 있을까?

지구 밖을
상상하는 일에 관하여

✦

#인공생태계의 지속가능성과 바이오스피어

『구약성서』의 『창세기』 6~8장에는 인류의 타락을 지켜보던 신이 대홍수의 난을 일으켰고 노아 일가에게 재앙으로부터 도망갈 수 있는 방주의 제작을 명한다는 기록이 남아 있다. 노아의 방주Noah's Ark가 탄생한 이야기다. 노아가 신의 뜻에 따라 제작한 방주에 올라탄 사람과 동물은 심판을 면하고 생명을 보존할 수 있었지만 나머지 육지 생명체들은 거의 모두 절멸하게 된다고 기록되어 있다. 오늘날 인류는 언젠가 바닥이 날지 모를 지구 자원과 기후 변화의 속도에 대비하기 위한 대책의 일환으로 우주에 대한 개발 의지를 다지고 있다. 제2의 지구를 찾는 노력은 물론, 인류가 지구 이외의 환경에서도 살아갈 수 있는지 여부를 확인하기 위해 노력을 쏟고 있다. 과연 개척하고 있는 그곳은 인류에게 제2의 노아의 방주가 될 수 있을까?

●

인간을 이주시킬 우주 공간이나 별에 지구를 닮은 환경을 얼마나 잘 만들 수 있을지, 인간은 가상의 지구에서 잘 견뎌낼 수 있을지 알아내기 위해 만든 인공생태계인 바이오스피어 2$^{Biosphere\ 2}$는 현대판 노아의 방주라 불릴 만하다.

바이오스피어 2는 1991년부터 약 2년 동안 미국 애리조나주 오라클^{Oracle}의 산타카타리나산 근처에서 진행된 인공생태계 제작 프로젝트다. 당시 2천억 원이 넘는 돈이 투자됐는데 지금 가치로 따지면 대략 1조 원 수준이다. 예를 들어 물 1리터를 우주에 가져가는 데 약 1억 원의 비용이 든다. 만약 바이오스피어를 우주정거장에 조성하려면 약 50경 원이 들지도 모른다. 50경은 1조의 50만 배에 해당하는 어마어마한 돈이다.

바이오스피어 2는 지구 환경과 격리된 인공생태계다. 오직 유리를 통과해 들어오는 햇빛을 제외하고 모든 에너지와 물질의 상호작용을 차단한 공간이다. 연구 과학자 8명은 바이오스피어 2에 직접 들어가 생활하는 실험을 진행했지만, 식량과 산소 부족, 일부 동식물의 멸종, 공동생활 연구자 사이 갈등 등의 이유로 실패하고 말았다.

●

바이오스피어 2는 철제 튜브, 철제 프레임, 고성능 유리로 제작된 지상 구조를 갖고 있다. 지구 환경과 격리시키려면 공기가 새지 않을 만큼 빈틈을 억제해야 한다. 실제로 이곳에서 공기가 새는 정도는 연간 10퍼센트일 정도로 매우 낮았다. 또 낮과 밤이 생기면 필연적으로 기온차가 발생하는데, 이로 인한 내부 공기의 열팽창 변화를 수용하기 위해 일부 구조물은 유연한 형태로 만들어졌다. 마치 인간이 숨을 쉴 때 폐가 팽창과 수축을 반복하는 것처럼 제작됐다고 하여 바이오스피어 2의 구조물도 허파라 불린다. 또 유리창을 절대 열 수 없는 구조로 제작해야 했기에 지역별로 내부 온도를 독립적으로 다르게 유지하기 위해 매우 복잡하고 정교한 시스템도 설계에 포함됐다.

바이오스피어 2의 모든 시설은 최대한 지구의 현재 환경과 비슷하게 조성했다. 거대한 유리 돔을 통해 태양광이 들어올 뿐만 아니라 유리 온실 내부에 지구상의 지역적 특성을 살린 열대우림, 바다, 습지, 사바나, 사막 등의 영역을 만들고 인간의 생활에 필수인 농작물을 얻을 수 있도록 농경지와 거주지도 만들었다. 넓이로 보면 열대우림 지역이 1,900제곱미터, 산호초가 있는 바다가 850제곱미터, 맹그로브숲 형태의 습지가 450제곱미터, 사바나 초원을 닮은 초원 지대가 1,300제곱미터, 안개 사막 지대가 1,400제곱미터에 이른다.

한편 바이오스피어 2 프로젝트를 추진한 연구자들은 구조물 내부에 약 3,000종의 생물체도 수용시켰다. 우림 지대에는 아마존에서 직접 가져온 식물 300종을 심었고 바다 지역에는 카리브해에서 직접 가져온 산호초를 비롯해 다양한 척추동물도 이주시켰다. 인간이 주로 활동하는 영역에는 농경지 2,500제곱미터와 함께 거주·연구·작업장도 조성했다. 지하에는 독립적 배관들을 통해 온수와 냉수를 순환시킴으로써 자연 환경의 순환 구조를 재현하는 인공적 인프라를 구축했다. 전기는 온실 내부의 천연가스 발전소에서 공급됐다.

●

바이오스피어 2의 농경지에서는 바나나, 파파야, 고구마, 비트, 땅콩, 콩, 쌀, 밀 등 식량의 83퍼센트를 생산했다. 인도네시아나 남중국에 비하면 무려 5배나 높은 농업 생산력을 자랑했지만, 식량 생산이 가능한 면적이 좁아 식량 부족 현상이 자주 발생했다. 연구 진행 기간 동안 부족한 식량에 적응하기 위해 연구자들의 몸은 음식에서 영양분을 더 효과적으로 흡수하도록 진화하기도 했다. 산모가 임신 중에 음식을 적게 섭취하면 태아가 양분을 더 효과적으로 흡수할 수 있도록 적응하는 것과 비슷한 원리다.

바이오스피어 2는 지구 환경에 비하면 규모가 작아 열대우림부터 사막까지 5개 영역 사이에 기후와 생물학적 간섭 현상이 발생했으며 유기물의 농도가 급변하고 다른 생화학 반응도 빨라 환경이 불안정했다. 척추동물을 비롯해 꽃가루 수분을 하는 벌 같은 곤충들이 금방 죽어나갔다. 곤충들이 죽어가면서 꽃가루 운반이 제대로 이뤄지지 않자

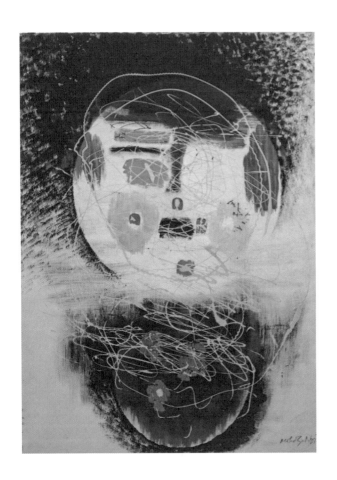

「우주 건설(1945)」, 라슬로 모호이 노디

식물들은 수정을 하지 못했다. 심지어 온실 내 습도 유지를 위해 조성된 안개 사막은 관목 지역으로 변해갔다. 사바나 지대와 열대우림 지대에서는 지구상의 불모지에서 처음 자라기 시작하는 작은 식물들이 급격히 번성하는가 하면, 크기가 큰 나무들은 태양광 부족으로 부실하게 자랐다. 또한 연구자들은 인공 바다에서 끊임없이 자라나는 해조류와 물속 유기물을 제거해 물속 탄산칼슘의 양을 조절하고 바닷물이 산성화되는 현상을 막아야 했다. 맹그로브숲도 태양광 부족으로 이상 증식하는 모습을 보였다. 그나마 열대우림 지대는 태양광이나 인공 바다의 소금으로부터 자기방어 능력을 보여주는 희망적인 모습도 보였다. 결국 바이오스피어 2 프로젝트는 환경적 요인의 조절 실패를 비롯해 연구자들 사이의 인간관계에서 이상 증상이 나타나기 시작하면서 실패로 끝나고 말았다.

●

좁은 공간에 갇힌 인간 심리를 연구하는 분야인 제한 환경 심리학은 남극 연구 기지의 연구원들을 대상으로 한 심리학 연구로 제법 잘 알려져 있다. 남극 기지 연구원들도 바이오스피어 2의 연구자들처럼 갇힌 공간에서 파벌을 만들며 분열하고 갈등을 일으키는 등 매우 큰 어려움을 겪는다고 한다. 바이오스피어 2의 첫 번째 프로젝트는 2년간 생활하는 것이 목표였다. 하지만 프로젝트가 시작되고 1년도 채 되기 전에 8명의 연구자들은 서로 미워했고 갈등을 일으켰다. 심지어 프로젝트가 끝나고 나서도 그들은 서로 화해하지 않았다고 한다. 물론 그들은 실험 목적을 달성하고자 하면 바이오스피어 2 프로젝트에 해가 되는 행동을 하지 말아야 한다는 사실을 알고 있었다. 그럼에도 불구하고 어떤 임무에서는 고의적인 방해를 일삼기도 했다.

바이오스피어 2의 가장 중요한 공동 임무인 건강한 생존을 위해 8명의 구성원은 모두 내부의 공기질과 수질, 내부 대기의 움직임이나 생명 유지 시스템의 건전성에 대해 끊임없이 주의를 기울이며 철저하게 관리를 해야 했다. 연구원들은 바이오스피어 2의 환경을 최대한 완벽하게 제어하기 위해 생명 유지에 필요한 신진대사를 바이오스피어 2의 환경과 긴밀하게 연결시킨 상태를 유지할 정도로 최선을 다했다. 마치 영화 「아바타 1」에 나오는 나비족의 '사헤일루 Tsaheylu'와도 같았다. 나비족 언어로 '유대' 또는 '신경망 연결'을 의미하는 사헤일루를 통해 판도라 행성의 나비족은 말이나 용과 같은 생물체의 신경망 촉수들과 연결되고 서로의 존재와 마음을 연결시킨다. 아마도 제임스 카메론 감독은 동양의 개념인 이심전심에 상상력을 더해 형상화한 듯했다.

바이오스피어 2의 연구자들도 사헤일루와 같은 강력한 연결 방식을 활용해 내부 환경의 미묘한 변화를 파악하고 대응할 수 있었다. 바이오스피어 2 내부의 모든 유기물과 무기물들이 서로 연결돼 영향을 주고받은 덕분에 연구자들은 매일 경이로우면서도 도전적인 하루를 보냈을 것이다. 프로젝트 초기에는 팀원들과도 협력하고 자신들의 목표를 달성하기 위해 노력했을 것이다. 프로젝트에 참여한 연구자 한 명이라도 임무를 소홀히 하면 작은 부분에 이상이 생기므로 전체 시스템까지 망가질 수 있기 때문이다. 하지만 결과적으로 바이오스피어 2의 연구자들은 인간의 생명 유지에 필요한 환경이 제대로 유지되지 않는 변화에 적응하지 못했고, 연구자들 내부의 인간관계에서 발생한 문제도 해결하지 못한 채 실패를 하고 말았다.

바이오스피어 2의 연구진들은 자신들의 실패를 통해 열대우림, 바다, 습지, 사바나, 사막이라는 다섯 가지 생태계가 각각의 성질을 유지하면서 독립적으로 존재하려면 생태계 간 거리가 충분히 떨어져 있어야 한다는 사실을 깨달았다. 각 환경의 고유성을 유지하려면 지구에서처럼 수십에서 수백 킬로미터 이상 떨어져 있어야 하는데, 수십 미터의 제한된 환경에 지구의 환경을 축소해 밀집시켜 놓은 것이 문제였다. 인공적인 좁은 환경에서 벌어지는 생태계 간섭과 이로 인한 변화는 당연한 결과였다. 지구상에서 대륙별, 혹은 대륙 내 큰 산맥으로 구분되는 국가들이 고유한 문명과 문화를 구축할 수 있었던 것도 모두 물리적 거리를 충분히 유지할 수 있었기 때문이다. 더 작게는 한 도시에 사는 사람 사이에서도 물리적 거리는 중요하다. 물리적 원리로 설명할 수 있는 모든 세계에서는 단거리 상호작용과 장거리 상호작용은 큰 차이가 난다.

바이오스피어 2의 연구진을 비롯해 우리 인류는 인간이 생태계를 모방하고 창조해내는 일이 얼마나 어려운지에 대해 뼈저린 교훈을 얻었다. 오늘날 과학계는 지구 밖에 인류를 이주시키고자 하는 원대한 계획을 꿈꾸고 있다. 과연 화성과 같은 외계 행성에 이주해 새로운 인류 문명을 개척하는 일이 가능할까? 엄청난 노력과 비용이 투입될 프로젝트의 실패를 막을 방법이 있었을까? 어떤 이들은 바이오스피어 2의 실패가 하나뿐인 지구 생태계, 즉 원조 바이오스피어의 소중함을 극명하게 확인하는 계기가 됐다는 의미에서 완전한 실패는 아니라고 말한다. 그만큼 현재 인류가 살아가고 있는 바이오스피어는 우리에게 이상적인 환경이며, 새로운 바이오스피어를 찾는 일이 어려운 것임을 반증하는 결과이기도 하다. 하지만 인류는 늘 그렇듯 새로운 기술과 해답을 찾는 과학 연구를 통해 미래에 대한 희망을 제시하고 실현해왔다. 화성 이주 계획과 같은 획기적인 도전에 대한 기대감을 저버리기엔 아직 이른 시기다.

청춘이 아니어도

피가 끓는다고?

우주에서는
몸속 모든 액체가 끓는다

✦

#우주의 신비와 체액비등 현상

피 끓는 청춘! 청춘 하면 제일 먼저 이 말이 떠오른다. 일대기로 봤을 때 정서적·신체적·사회적으로 모든 에너지가 왕성하게 꽃피면서 열정적으로 꿈틀댈 시기가 왔음을 의미하는 듯하다. 흔히 몸과 마음은 연결돼 있다고 말한다. 그럼 피가 먼저 끓어 열정적으로 변하는 것일까, 아니면 그 반대일까? 만약 전자가 맞는다면 중년이 지난 나이에도 청춘과 같은 시기를 보낼 방법이 있다. 바로 우주로 가는 것이다. 우주에서는 몸속 모든 액체가 끓는다.

해녀와 잠수부는 2,000리터 혼합기체를 200기압으로 압축한 표준형 산소탱크로 호흡하며 10~30미터 깊이에서 20~45분 잠수할 수 있다. 이때 잠수병, 즉 감압병을 조심해야 한다. 30미터 깊이로 잠수하면 기압은 1기압에서 4기압으로 높아지면서 혈관과 혈액의 압력도 높아진다. 압력이 올라가면 기체는 액체에 더 많이 녹아 들어간다. 따라서 잠수하는 동안에도 기체가 혈액에 서서히 꾸준하게 녹아 들어가게 된다.

만약 산소의 소진 같은 이유로 잠수부가 갑자기 물 위로 1~2분 만에 부상하면 혈액 속에 과도하게 녹아 있는 기체가 폐를 통해 나올 시간이 부족해진다. 이때 자칫 혈관 안에서 기체 방울을 형성해 혈관을 막는 위험한 일이 발생한다. 이것이 바로 잠수병이다. 잠수병은 호흡기뿐만 아니라 림프계와 근골격계, 중추신경계에도 문제를 일으킨다.

기압의 변화는 등산을 할 경우에도 체감할 수 있다. 일반적으로 설악산처럼 높은 곳에 올라가면 기압이 떨어져 물의 끓는점이 낮아진다. 만약 설악산의 산장에서 식사를 위해 밥을 하거나 라면을 끓이다 보면 설익는 것을 발견하게 된다. 설악산에서는 섭씨 94도에 물이 끓기 때문이다. 지구상에서 가장 높은 산인 해발 8,848미터 고도의 에베레스트산에서는 물이 섭씨 72도에서 끓는다. 또 미국의 고공정찰기가 비행을 하는 구역인 해발 22킬로미터의 상공은 0.08기압 정도다. 이처럼 높은 상공에서는 물의 끓는점은 섭씨 40도 이하로 낮아진다. 지구를 벗어나 우주에서는 기압이 더 낮아진다. 물의 끓는점은 1/1,000기압에서 영하 41도, 1/100기압에서는 영상 3.6도 정도다.

기압에 따른 물의 끓는점 변화를 실험 장비를 통해 살펴볼 수도 있다. 필자의 실험실에 두 종류의 진공펌프가 있다. 먼저 로터리 펌프는 가격이 100만 원대이며, 1/100만 기압 정도의 진공을 만들어준다. 로터리 펌프는 챔버chamber라 불리는 실험 상자에서 공기 입자 100만 개 중 한 개를 제외한 입자를 모두 제거할 수 있다. 또 터보 펌프는 크기가 소형이라고 해도 가격이 1천만 원 이상이며 대략 1/1,000억 기압을 만들 수 있다. 삼성전자 반도체 생산 라인에 수백에서 수천 대씩 깔려 있는 것이 바로 터보 펌프다. 만약 진공 챔버 안에 물컵을 넣어둔 다음 1/100만 기압을 유지하면 물이 끓으면서 온도가 낮아지는 현상을 만들 수 있다. 실제로 외국의 한 대학교에서 화학 실험을 하던 중 강사가 챔버의 문을 열고는 끓는 물을 마시는 시범을 보였다고 한다. 당시 강사는 끓고 있지만 아주 시원한 물을 마실 수 있었다고 한다.

우주에서는 기압이 매우 낮아 인체 내의 피를 포함한 액체가 끓는 현상, 즉 체액비등 현상이 발생한다. 1917년, 소유즈 11호에 탑승했던 우주비행사 3명이 체액비등 현상으로 사망하는 사건이 일어났다. 당시 우주선은 해발 고도 168킬로미터에서 낙하 캡슐인 소형 비행정의 압력 조정 밸브가 열리는 고장을 일으켰다. 순식간에 공기가 모두 빠져나가자 압력이 거의 0으로 변하고 말았다.

체액비등 현상은 대기권에서는 암스트롱 한계, 즉 해발고도 약 19킬로미터보다 높은 고도 또는 1/15기압(6.3킬로파스칼)에서 인간의 체온인 섭씨 36.5도의 조건에서 일어난다. 체액비등 현상이 생기면 우선 몸이 부풀어 오르지만 다행히도 우리 몸의 세포는 탄성을 가지고 있고 다공성이

어서 쉽게 터지지는 않는다.

혈관 속에서 정상적인 속도로 흐르는 피는 신선한 산소와 양분을 세포에 공급한다. 또한 세포의 생명 활동으로 발생하는 부산물인 노폐물을 받아 배출하는 기능을 수행한다. 만약 혈관 내에서 피가 체액비등 현상을 일으키면 혈관 내 수증기와 피가 섞여 혈액의 흐름을 크게 방해한다. 동물 실험을 통해 분석한 결과, 체액비등 현상에 따른 심각한 증상으로는 세포 내 산소 결핍, 혈액 순환 문제로 인한 쇼크, 30초 내로 찾아오는 이완 마비 현상이 있다고 한다. 또 폐의 함몰로 인해 수증기가 체외로 계속 배출되면 호흡기에 냉각 현상이 일어나 얼음이 생기고 약 90초 후 사망에 이른다.

●

우주비행사들이 우주선에 탑승할 때 입는 승무원 고도 안전복CAPS은 1/50기압(2킬로파스칼)까지 체액비등 현상을 막아준다. 안전복에는 특수한 기술이 적용되는데, 먼저 탄력이 좋은 두 겹의 고무 재질로 우주비행사의 전신을 꽁꽁 싸매고서 기체로 압력을 가해 전신을 조여준다. 단, 전신을 고무로 싸맨 탓에 우주인은 피부 호흡을 할 수 없으므로 땀을 엄청나게 흘린다는 단점이 있다. 그런데 무중력 상태에서 안전복 내에 물이 존재할 경우 공중에서 떠다니면서 우주인의 호흡을 방해하는 등 치명적 사고를 일으킬 수 있으므로 안전복에는 액체 흡수 장치도 함께 마련돼 있다고 한다.

우주인이 우주 유영을 할 때에도 압력은 굉장히 주의를 기울여야 하는 관리 요소다. 우주 유영복 내부 압력이 너무 높으면 우주인의 움직임이 둔해지고 외부 진공과의 압력 차로 인해 옷이 찢어질 수 있다. 반대로 내부 압력이 너무 낮으면 체액비등 현상이 생겨 위험하다. 우주 유영복은 이러한 두 가지 위험성을 전부 고려해 만들어진다. 현재 우주 비행사들에게 제공되는 일반적인 우주 유영복의 내부 압력은 0.29기압 정도로 낮다.

잠수병과 체액비등 현상이 인체에 미치는 영향은 비슷하다. 잠수병은 수압으로 인해 산소가 혈액 속에 과도하게 녹아 들어간 상태에서 수압이 낮아지는 수면으로 잠수부가 급히 떠오를 때 혈액 속 산소가 급격히 기화하는 현상이다. 체액비등 현상은 액체인 피가 끓어 기화하는 현상이다. 두 증상 중 더 위험한 현상을 따지자면 혈관 내 혈액뿐만 아니라 세포나 체내 조직 내 액체가 기화하는 체액비등 현상이 훨씬 위험하다.

흔히들 말하기로 피가 끓는다는 의미는 생명 활동이 매우 활발해진다는 정도로 받아들일 수 있다. 하지만 과학적으로 보면 피가 끓는다는 의미는 혈액의 흐름이나 세포 내 산소 공급과 같은 생명 활동을 매우 방해하는 매우 위험한 현상으로서 받아들여야 한다.

●

과학적 의미에서 피 끓는 청춘을 위험에 빠뜨리는 환경 중 하나로 진공 상태가 빠질 수 없다. 우선 진공 상태에서는 몸에서 발생하는 열을 제거할 만한 매질이 존재하지 않는다. 따라서 절대온도 3켈빈인 초저온의 우주에서 310(=273.13+36.5)켈빈의 체온을 지닌 인간의 몸은 복사 형태로 계속 열을 손실한다. 다행히 인체의 열이 열복사의 형태로 몸 밖으로 새어나가는 과정이 느린 덕분에 일반적인 옷이라도 입고 있으면 몸이 금방 얼어버리지는 않는다. 하지만 우주 공간에서 진공 상태에 맨몸을 노출시키면 먼저 피부 조직이 증발냉각돼 버린다. 입에서 서리가 생기지만 체액비등 같은 증상에 비하면 치명적이지 않다.

우주 공간에서 호흡기를 달지 않은 채로 맨몸으로 진공 상태에 노출되면 폐에서는 기체 교환이 정상적으로 일어나지만 혈액 내에 산소를 포함한 모든 기체가 우주 공간으로 날아가버린다. 9초에서 12초면 뇌에 산소가 없는 피가 도착해 의식불명 상태에 빠지게 된다. 동물 실험 결과 90초 이하로 진공에 노출되면, 혈액의 산소 부족 때문에 생긴 뇌와 신체의 손상을 빠르게 회복시킬 수 있다는 사실을 확인했다. 하지만 90초 이상 동안 노출되면 살아남을 가능성은 희박해진다. 만약 호흡 손상이 없다면 훨씬 더 긴 시간 동안 팔과 다리를 진공에 노출시켜도 회복될 수 있다.

●

칼 세이건은 『코스모스』에서 "과학의 성공은 자정 능력에 있다. 과학은 스스로를 교정할 수 있다. 과학에서는 새로운 실험 결과와 참신한 아이디어가 나올 때마다 한때 신비라는 이름으로 포장돼 있던 미지의 사실이 설명될 수 있는 합리적 현상으로 바뀌어간다"라고 말했다. 피 끓는 현상과 차가워지는 현상이 동시에 일어나는 체액비등 현상은 고진공高真空 우주에서 일어나는 희귀한 현상이다. 인간이 우주를 탐험하기 전까지는 알지 못했던 미지의 현상이다. 현대 과학은 이러한 현상을 알아내고 설명하는 데에서 그치지 않고 승무원 고도 안전복을 만들어 위험에 놓인 인간에게 안전함을 선물했다. 지구상의 기압과 기온에서는 경험하지 못한 새로운 현상을 비롯해 미지의 세계 앞에서 인류는 과학적 사고와 실험 정신으로 새로운 지식들을 만들어가고 있다. 우주의 현상을 합리적으로 이해하기 시작한 인류는 지속적으로 과학의 성공을 이뤄내고 있다. 앞으로 또 어떠한 환경이 우리 앞에 펼쳐질 것이고 또 어떠한 연구와 대비를 통해 인류의 지식을 한층 더 다채롭게 만들어나갈지 기대된다.

아폴로가 달에 착륙하지

않았다는 주장은

왜 등장했는가

달로 가는 비행궤도에는
방사능이 있다

✦

#달 착륙 시나리오와 방사능

수백 년 전만 하더라도 지구를 벗어나 우주로 가는 일을 상상하는 사람은 거의 없었다. 우주는 단지 인류가 바라만 보던 동경의 대상이었을 뿐이다. 하지만 천문학이 발달하고 우주에 대한 지식이 늘어나면서부터 인간은 우주를 그저 바라만 보는 세계로 남겨두지 않았다.

구소련에서 1957년에 스푸트니크 1호 인공위성을 쏘아 올리고 미국의 닐 암스트롱은 1969년 7월에 달에 첫발을 내디뎠다. 아폴로 우주선의 달 착륙은 인류가 지구 이외의 다른 천체에서도 살 수 있다는 가능성을 보여준 엄청난 사건이었다. 그런데 외국의 일부 방송과 잡지 등을 통해 가끔 아폴로 우주선의 달 착륙이 조작됐다는 이야기가 전해지곤 한다. 그들은 아폴로 우주선이 보내온 영상과 사진이 실제로는 지구에서 가상으로 촬영된 것이라고 주장한다. 또 달 착륙의 조작 의혹에 제기된 하나의 이유가 있다. 그것은 바로 방사능이다.

●

우주에 존재하는 방사능은 지구 쪽으로 날아오다가 대기권이나 자기권에서 많이 흡수돼 일부만이 지표면에 도달한다. 2011년 나사는 화성 탐사선을 보내며 이동 경로를 따라 방사능 측정 장치로 우주 방사능의 존재와 세기에 대한 관측을 시도했다. 지구 생명체는 지표면에 도달하는 방사선에만 대비하도록 진화가 이뤄졌다. 지구에서만 살아가는 생명체는 지표면에 도착하는 방사능에만 대비하면 충분하다는 이야기다. 하늘에서 머리 위로 운석이 떨어질까 봐 늘 헬멧을 쓰고 다닌다면 비효율적이기도 할뿐더러 너무나도 불편할 것이다.

「Space Fantasy Painting #4」, 딘 엘리스

우주에서는 상황이 달라진다. 우주에는 대기가 없어 태양으로부터 오는 강력한 복사선, 즉 빛이 전혀 걸러지지 않고 사람 몸에 도달하게 된다. 그로 인해 국부적으로 열이 발생하지만 치명적인 수준은 아니다. 하지만 태양의 복사선 중 자외선에 노출되면 피부에 심한 햇볕 화상을 입는다.

우주 공간을 여행 중인 우주인들이 주의해야 할 것은 지구에서 경험하지 못한 고준위의 방사능이다. 방사능은 면역 체계를 유지하는 림프구, 세포를 손상시키며 백내장 발생률도 높인다. 특히 태양계 외부에서 광속으로 날아오는 우주 기본 입자galactic cosmic ray들은 우주인의 암 발생률을 크게 높인다고 한다. 나사가 지원하는 한 연구에 따르면 우주 기본 입자들이 뇌를 손상시키고 치매 확률도 높일 수 있다고 한다. 또한 고에너지 광양자(빛)나 원자보다 작은 우주 소립자에 의해 우리의 몸속에서 세포 돌연변이 같은 파괴가 일어난다.

방사능은 세포를 관통해 피와 면역 체계를 만드는 골수줄기 세포도 훼손한다. 면역 체계의 핵심을 이루는 세포들이므로 작은 손상에도 치명적인 결과를 낳는다. 방사능이 림프구의 염색체 변이를 일으키면 T세포 재생에도 문제가 발생해 재생된 T세포의 감염 방어 능력을 떨어뜨린다. 만약 우주선 안에 상주하는 비행사들이 면역 결핍을 일으키면 바이러스에 급속도로 감염되고 만다. 실제로 2019년 나사에서는 우주인의 몸속에 잠복기 상태로 존재하던 바이러스가 우주 여행 중에 활성화돼 더 큰 위험을 줄 수도 있다고 보고했다.

이러한 방사능은 태양 표면 폭발을 의미하는 플레어Solar flare의 활동이 활발할 때 방출량이 급격히 상승해 우주인의 인체에 방사능을 가함으로써 방사능병 유발 확률을 높이거나 심지어는 죽음에 이르게 할 수 있다. 다행히 지상 고도 418킬로미터에서 공전 중인 국제우주정거장에 상주하는 우주인들은 태양풍을 편향시키는 지구자기장 덕분에 방사능으로부터 일부 보호를 받는다. 또 우주에서의 방사선 노출에 대비하기 위해 우주인들은 예방약과 예방보호구를 활용해 위험도를 낮춘다.

하지만 플레어가 워낙 강력한 탓에 아무리 우주인이 대비를 한다고 해도 상당량의 방사능이 침투해 우주정거장 승무원들에게 큰 위협 요소가 된다. 또 플레어가 활발하게 활동할 시기를 대비한 특수 피난 캡슐이 마련돼 있지만,

플레어 현상은 예측이 어려워 우주정거장의 승무원들은
태양 표면의 플레어 현상을 24시간 감시해야 한다.

●

2000년대에 이뤄진 조사에 따르면 미국 인구의 6퍼센
트, 영국 인구의 25퍼센트, 러시아 인구의 28퍼센트가 달
착륙을 믿지 않는다고 답했다. 그들은 아폴로 우주선의 달
착륙이 불가능한 이유로 우주 방사능의 존재를 내세운다.

실제로 지구에서 달로 가려면 강한 우주 방사능이 존
재하는 밴 앨런 대^{Van Allen belt}를 지나가야 한다. 이 영역은
내부와 외부의 두 겹으로 존재하는데 상대적으로 내부 영
역의 우주 방사능이 더 위험하다고 알려져 있다. 아폴로 우
주선이 달로 이동하는 도중에도 밴 앨런 대의 내부 영역을
비행했고 외부 영역에서는 약 90분간 머물렀다. 내부 영역
에서 노출된 방사능량은 지구상의 해변에서 약 3년간 노출
되는 방사능량과 비슷하다. 핵발전소에서 1년간 근무하는
사람에게 허용되는 방사능 노출량과 비슷한 수치다. 매우
다행스럽게도 아폴로 우주선이 임무를 수행하는 동안 플
레어 현상은 없었다고 보고됐다.

아폴로 11호의 우주비행사 닐 암스트롱과 버즈 올드린의 첫 발걸음은 전 세계 사람들에게 보도가 되며 전 지구적인 관심을 받은 역사적인 사건이다. 이후 아폴로 12호, 14호, 15호, 16호, 17호가 달을 향해 발사돼 달 위를 걸은 사람은 무려 12명이나 된다. 달을 밟은 '12사도'를 제외하고도 이들을 달까지 실어 나르기 위해 쏘아 올린 우주선에서 달 궤도를 따라 비행한 우주인도 무려 12명이다. 특히 짐 로벨 Jim Lovell 대원은 아폴로 8호와 아폴로 13호로 두 번이나 달 궤도를 비행했다.

아폴로 11호 이후 달을 밟은 10명의 우주비행사에 대한 뉴스는 미국을 포함한 일부 국가에서만 다뤄졌다. 제한적으로 알려진 탓에 달 착륙에 대한 정보를 접하지 못하거나 정부의 발표를 믿지 못하는 사람들이 여전히 음모론을 제기하고 재생산하고 있는지도 모른다. 하지만 달 착륙이 가짜라고 주장하는 이들이 제아무리 음모론에 가까운 근거들을 제시한다고 해도 달 탐사 계획에 참여한 이들이 전부 달 착륙 사기를 도모하기란 불가능하다.

지구에서 올라간다는 개념이

위험한 이유

올라가면 올라갈수록
견뎌야 할 것이 늘어난다

✦

#고도 상승과 압력의 상관성

"왕관을 쓰려는 자, 그 무게를 견뎌라." 영국의 대문호 셰익스피어가 권력에 집착하는 헨리 4세를 꼬집기 위해 쓴 『헨리 4세』에 나오는 말이다. 왕관을 쓴 자는 명예와 권력을 지녔지만 동시에 무거운 책임감이 따른다는 의미인데, 물리학의 기본적인 개념을 설명하는 말로 바꿔볼 수 있겠다. "높이 오르려는 자, 압력과 온도를 견뎌라."

현재 존재하지 않는 위험에 대처하느라 중요한 자원을 낭비하는 생물은 비효율성 때문에 도태되기 마련이며 새롭게 발생하는 위협에 대처하지 못하는 생물은 멸종한다. 생명체가 진화하는 속도보다 환경이 변하는 속도가 빨라지면 생명체는 문제가 생긴다. 다행히 지구의 환경이 천천히 변했기에 인간은 변화의 속도를 따라 진화할 수 있었다.

인간은 지구라는 환경, 더 정확하게는 각자가 속한 국가와 대륙에서 오랜 세월 동안 영리하게 잘 적응해왔다. 한 생명체가 자신이 속한 환경에 탁월하게 적응해 우위를 점한다면 유리한 점이 많아진다. 또 문자 그대로 높은 위치의 환경에 적응할 수 있게 된 인간이라면 낮은 환경에서만 살아가는 인간보다 유리한 점이 많을 것이다. 멀리 떨어져 있어 낮은 위치에 있는 동안에는 잘 보이지 않던 것들을 볼 수 있기 때문이다. 하지만 명예와 권력을 거머쥘 수 있는 지위가 올라갈수록 치러야 할 대가도 늘어나듯 높은 위치에 오른 인간에게도 환경에 적응하기 위해 치러야 할 대가가 있었다.

인간이 지구 환경에 대한 적응력을 키워왔다고는 하나, 삶의 터전을 만들 수 없는 극한의 환경에 대한 적응력은 다소 부족한 것이 사실이다. 특히 인간은 1년 내내 눈 덮인 곳에서 살 수 있도록 진화하지 않았기 때문에 극지나 해발 8,000미터 높이의 고산에서 많은 양의 빛을 갑자기 보게 되면 자외선에 의한 결막염, 즉 설맹을 겪을 가능성이 높다. 따라서 높은 산에 오르거나 스키를 탈 때에는 빛의 투과도를 낮춰 눈부심을 방지해주는 편광 고글이 필수다. 또 대부분 낮은 해발고도에서 생활하는 사람이 해발 5,000미터 이상인 고산에 오르면 산소가 희박한 환경에서 나타나는 신체 급성 반응인 고산병에도 걸리기 쉽다.

요즘은 우리나라에서 봄과 가을이 짧아진 탓에 여름과 겨울만을 나는 듯하다는 말을 많이 듣는다. 특히 겨울에 유독 춥고 건조한 환경이 오래 지속되면서 점점 더 추위에 대한 적응력을 키워야 하는 것은 아닌지 우려가 되기도 한다. 우리 눈은 차고 건조한 공기에 노출되면 눈물을 흘려 눈을 보호한다. 건조한 겨울에 고글과 같은 보호장구 없이 자전거를 타면 눈물이 줄줄 흐르는 경험을 해봤을 것이다. 또 건조한 겨울에 피부에 문제가 생겨 고생하는 이들도 많다.

이처럼 인간은 오랜 시간에 걸쳐 적응하지 않으면 작은 환경 변화에 잘 견디지 못한다.

●

2018년 스웨덴 북부에서 산악 트레킹에 나선 한국인 여성이 숨진 채 발견된 사건이 있었다. 당시 동행했던 남성 2명이 낙오한 여성을 구조하기 위해 약 1킬로미터를 걸어가 구조를 요청했지만 구조대는 출동하지 못했다. 당시 그들이 트레킹을 했던 산은 강풍을 동반한 폭설이 내린 '시계 1미터' 상황이었기 때문이다. 눈 위를 밟고 서 있으면 어떤 지형 위에 서 있는지조차 알 수 없는 매우 위험한 상황이었다. 실제로 해발 8,000미터의 고산 등정길을 함께한 배우자가 사망했지만 시신을 챙기지 못한 채 하산했다는 사람들의 이야기를 들을 수 있다. 그만큼 인간은 높은 곳에 올랐을 때 맞닥뜨리는 생명의 위협을 견디기가 어렵다.

인간의 발길을 쉽게 허락하지 않는 해발 8,000미터의 고산에 펼쳐진 환경은 어떤 모습일까? 에베레스트 정상의 공기압은 0.32기압이며 국제선 비행기의 순항고도인 약 3만 6,000피트(약 10킬로미터)에서 기압은 0.27기압 정도다. 인간이 정상적으로 생활할 수 있는 1기압보다 낮은 환경에서는 기압 저하에 따른 대비가 필수다. 에베레스트와 같은 고산 지대를 정복하고자 하는 등반가들은 잦은 훈련을 통해 고산병에 대비하지만, 일반인들은 기압 저하 현상에 취약하다. 만약 비행기의 기내 기압을 조절할 수 없다면 항공 여행은 불가능할 것이다. 따라서 비행기는 승객을 위해 기체 내부의 기압을 1기압으로 맞춰야 한다. 기내의 기압이 1기압보다 낮거나 높으면 밸브를 개폐해 기압을 조절한다. 단 기압을 맞출 때는 연속적이 아니라 계단식의 단계별로 맞추기 때문에 간혹 기압 차를 크게 느끼는 승객들이 불편감을 토로하기도 한다.

●

2001년 3월 미국 시애틀에서 열리는 미국물리학회에 논문을 발표하러 간 적이 있다. 이때 항공기와 우주개발에 관한 자료로 유명한 보잉 필드 박물관을 방문했다. 박물관에는 아주 높은 고도를 운행하는 고공정찰기인 블랙버드의 조종사와 우주비행사들이 극한 환경에서 얼마나 험난한 수행을 하는지 알 수 있는 많은 자료들이 있었다.

고공정찰기 승무원은 합성고무의 일종인 네오프랜 소재로 만든 옷을 입고 비행을 한다고 한다. 비행 시에 입는 비행복은 마치 잠수복의 극한 버전과 같은 옷이어서 피부 호흡이 불가능해 비행 중에 승무원들은 땀을 계속 흘리게 된다. 심지어 정찰 비행을 열 시간 정도 하고 지상으로 복귀하면 땀을 너무 많이 흘린 탓에 체중이 4킬로그램이나 줄어든다고 한다.

미국에서 소련을 정찰하기 위해 만들어진 SR-71 블랙버드 고공정찰기는 지상고도 24킬로미터에서 마하 3.3의 속도로 정찰 비행한다. 이때 공기압은 약 0.08기압 정도로 매우 낮다. 앞서 기압이 낮아지면 끓는점이 낮아진다고 설명한 것처럼 이 정도 수준의 기압에서는 물이 섭씨 100도가 아닌 섭씨 40도에서 끓는다. 끓는점이 낮아지는 낮은 기압 환경에서 땀을 계속 흘린다면 매우 위험한 상황을 맞이할 수 있다.

실제로 지구 대기권을 탈출하기 위해 고속으로 쏘아 올리거나 지구로 복귀하기 위해 빠르게 지구 대기권으로 진입하는 우주선은 공기와의 마찰로 높은 열에 노출될 수밖에 없다. 따라서 우주선이 마찰열을 견디도록 우주선 앞쪽에는 내열 세라믹 타일을 촘촘하게 붙인다. 하지만 보잉 박물관에 전시된 한 사진 자료에는 태평양에 낙하한 우주선 캡슐 안에서 마치 통닭처럼 완전히 익어버린 우주인들의 모습이 담겨 있었다.

●

인류가 문명을 일으켜 오늘날의 진보를 이루는 동안, 조금이라도 가능성을 발견했을 때 위험을 감수하고 노력하며 도전하는 이들이 있었다. 그들은 도전했고 더 높은 곳을 향해 올랐다. 1903년 12월, 라이트 형제는 세계 최초로 동력을 사용한 비행에 성공함으로써 새처럼 날고 싶어 한 인류의 염원을 이뤄주는 위대한 도전의 성공적인 첫 발을 내디뎠다. 과학의 올바른 태도는 실패의 가능성을 염두에 두고 위험 요소를 알아내는 데 그치는 것이 아니다. 지금껏 과학 기술의 위대한 업적을 이룬 이들은 그들이 상상할 수 있는 모든 위험에 대비하고, 실패에 굴복하지 않고 끊임없이 도전했다. 초고속 비행이 그러했고 우주 여행도 마찬가지다. 그렇듯 우주를 향한 질문과 도전이 인류를 더 높이, 또 더 멀리 오르게 할 것이다.

무중력은 둥둥 떠다니는

즐거움만 줄까?

무중력에서는 헬스 고수도 근손실을 피할 수 없다

✦

#상실의 아픔과 힘의 평형

영화 「존 카터: 바숨 전쟁의 서막」은 한 지구인이 중력이 매우 약한 바숨이라는 행성으로 차원을 이동해 전쟁 영웅으로 활약하는 내용을 담고 있다. 영화 속에서 바숨은 중력이 약한 행성으로 묘사된다. 지구 중력 상태에서 사람은 60센티미터를 뛰어오르기도 힘들지만, 바숨에서는 100미터 이상 뛰어오르기도 한다. 또 승용차 크기의 큰 바위를 휘둘러 킹콩처럼 큰 괴물을 무찌르기도 한다. 중력이 약하면 이렇게 유리하기만 할까? 단순하게 생각하면 편리할 것

같지만 쉽게 단정할 수는 없다. 무중력 상태에서 오랜 시간 생활하는 우주 정거장의 승무원들이 고충을 겪는 것처럼 영화 속 주인공도 피가 상체로 쏠려 건강이 나빠졌을지 모른다.

●

우주선과 우주정거장에 있는 생명 유지 장치는 공기와 물, 음식뿐만 아니라 승무원들에게 적합한 온도와 압력을 제공하고 대소변 또한 처리한다. 또 외부 방사선과 소립자 micro-meteorites 로부터 승무원들의 몸을 보호해준다. 그런데 이 장치는 우주의 무중력 때문에 발생하는 문제는 전혀 해결하지 못한다. 우주정거장의 건설 이후, 우주정거장에서 1년간 거주한 승무원들이 지구로 복귀해서야 비로소 무중력이 인간에 미치는 영향을 자세히 알 수 있게 됐다. 인공 중력에 관한 연구는 여전히 초기 단계에 머물러 있는 상태다.

현재까지 인류가 경험한 우주정거장에서의 무중력 상태가 미치는 영향에 대해 정리하자면, 우선 무중력은 우주 비행사의 건강을 해친다. 엄밀히 말해 우주정거장이 머물러 있는 고도에서는 무중력 상태라고 할 수 없다. 우주정거장에서 느끼는 중력은 지구 중력의 89퍼센트 수준이다. 그런데도 승무원들이 자기 힘으로 걷지는 못하는 것은 우주정거장이 궤도운동을 함으로써 무중력 상태에 놓인 것처럼 느껴지기 때문이다.

무중력 상태에 놓인 초기 몇 시간 동안 우주비행사들은 공통적으로 우주병 또는 우주 적응 증후군이라고 불리는 멀미를 경험한다. 이는 평형석이라고도 불리는 내이^{inner} ^{ear}의 이석과 관련 있는 신체의 평형계가 우주에 적응하면서 일어나는 현상이다. 고도로 훈련된 우주비행사 중 절반에 가까운 사람들이 메스꺼움, 현기증, 구토, 무기력증, 권태와 피로감을 겪는다고 한다.

이석은 지구의 중력을 느끼고 중력 방향을 기준으로 삼아 신체 평형과 방향을 제어하는 역할을 한다. 무중력 상태의 우주에서 생활하던 우주비행사가 지구로 귀환하면 이석이 지구의 중력 환경에 적응하는 데 며칠씩 걸린다. 우주에서 다섯 달을 보내고 지구로 귀환한 캐나다의 한 우주비행사는 몸이 중력에 적응하고 회복하기까지 다섯 달이 걸렸고 첫 3주 동안은 운전이 금지됐다.

또 장기간 무중력 상태에서 생활을 하면 근육량이 감

소한다. 큰 움직임에 필요한 골격 근육은 중력이 없으면 쓸 일이 없기 때문이다. 심지어 서 있을 때에도 다리 근육이 체중을 지탱할 필요도 없다. 오랫동안 다리 깁스를 착용했다가 푼 환자의 다리에서 근육이 없어지는 현상을 떠올리면 쉽게 이해할 수 있을 것이다.

중력 상태에서도 일부러 운동하지 않으면 5~11일 이내에 근육량의 20퍼센트가 감소해버린다. 자동차에 비유하면 1단 기어처럼 고출력-저속수축형의 근섬유들이 7단 기어처럼 저출력-고속수축형 근섬유들로 대체되기 시작한다. 이를 방지하려면 약을 복용하거나 규칙적으로 강한 운동을 지속해줘야 한다. 우주정거장에서도 우주인들의 근육 손실을 막기 위해 하루에 두 시간씩 운동을 하도록 권고하고 있다. 실제로 우주정거장에는 러닝머신 두 대와 첨단 저항 운동 장치advanced resistive exercise device 한 대, 실내자전거가 마련돼 있다. 나사에서도 계산과학을 동원해 인체의 근골격계 모델과 운동 효과의 상관관계를 연구하고 근육 손실을 최소화하는 운동 방법을 끊임없이 연구하고 있다.

생명체의 심장은 체내 순환계의 핵심적인 역할을 담당하는 근육 장기이자, 피를 보내기 위해 만들어진 체내 펌프다. 이처럼 생명체의 중요한 장기인 심장의 근육도 우주 공간에서는 약해진다. 우주에서는 혈액의 22퍼센트를 포함해 체내 액체의 상당량이 손실되면서 혈액의 양이 줄어들기 때문에 피를 펌프질하는 심장 자체가 작아진다. 우주정거장에서 1년을 생활하고 지구로 복귀한 한 우주비행사는 심장의 크기가 27퍼센트나 줄어 있었다고 한다. 심장이 작아지면 혈압도 낮아지고 뇌를 포함해 인체 내 세포들에도 충분한 산소를 공급하지 못하게 된다.

　　무중력 상태에서는 뼈의 신진대사도 변한다. 동물의 뼈는 직립 상태에서는 중력 방향으로 놓인다. 그러나 무중력에서는 중력과 같은 스트레스가 몸에 가해지지 않으므로 하부 척추와 엉덩이, 대퇴골에서 뼈 조직 1.5퍼센트가 사라진다. 뼈의 골밀도도 급격히 감소해 골다공증과 유사한 증상이 나타난다. 지구에서는 뼈의 생성 세포와 파괴 세포가 상호작용을 통해 뼈의 사멸과 재생의 균형을 맞추기 때문이다. 무중력 상태에서는 뼈의 사멸 작용이 상대적으로 더 증가한다. 실제로 16일 동안 무중력 상태에 노출된 건강한 쥐의 뼈 사멸 작용이 2배 증가했다고 보고됐다.

한편 뼈가 파괴 세포의 작용으로 인해 미네랄로 분해되면 신체에 흡수되는데, 이때 생성 세포의 활동이 약화된다. 뼈 분해로 생겨난 미네랄 중 칼슘은 피에도 많이 흡수되는데 이 경우 신장결석을 일으킬 수 있다. 특히 뼈의 사멸과 재생 사이의 균형 파괴는 중력의 영향을 많이 받는 골반 주위에서 두드러진다. 다행히 우주에서 지구로 귀환한 우주비행사의 골밀도는 결국 정상으로 돌아가지만 시간이 다소 소요된다고 한다. 우주에 3~4개월간 있었다면 지구에서 약 2~3년의 회복 기간을 보내게 된다.

●

중력이 작용하는 지구에서 살아가는 사람의 체내에 있는 혈액을 포함한 액체는 지구 중심 방향으로 힘을 받아, 즉 중력을 받아 하반신으로 이동하려고 한다. 다행히 인체의 신체는 머리 쪽 상반신으로 혈액을 보내려는 힘을 지니고 있다. 중력과 인체의 힘이 균형을 이루면서 피와 혈액은

「우주에서의 만남」(1899), 에드바르 뭉크

인체에 골고루 분포된다. 하지만 무중력 공간에서는 중력이라는 하나의 힘이 사라지기 때문에 액체가 상반신 쪽으로 쏠리게 된다.

무중력 상태에 놓인 사람은 지구상에서 물구나무서기를 지속하는 사람과 비슷한 상태에 놓이게 된다. 보통 물구나무서기를 하면 얼굴에 피가 쏠리는데, 서로 크기가 비슷한 두 힘, 즉 상반신으로 혈액을 보내려는 힘과 중력이 같은 방향으로 가해지므로 오래 버티기가 힘들다. 이때 상반신으로 액체가 쏠리면 얼굴이 다소 팽창해 원통형으로 변한다.

무중력으로 인한 체내 액체의 상반신 쏠림 현상은 두개골과 뇌 사이 압력을 증가시키는 부작용을 낳는다. 두개골과 뇌 사이 압력이 증가하면 안구 뒤쪽 압력이 증가해 안구를 누르게 되고 시신경을 압박한다. 2012년에 한 달 이상 우주를 비행하고 돌아온 우주비행사들의 MRI(자기공명이미지) 연구를 통해 이러한 부작용이 밝혀졌다. 또 2013년에 나사에서는 6개월 이상 우주를 비행한 원숭이의 눈에서 나타난 변화를 연구한 보고서를 발표했다. 연구 당시 원숭이의 안구는 납작해지고 망막에도 변화가 생겼다. 더불어

나사에서는 300명의 우주인을 조사해 단기 비행자의 23퍼센트, 장기 비행자의 49퍼센트가 우주 임무 수행 도중 시력 문제를 겪었으며, 몇몇은 지구로 돌아온 후에도 여러 해동안 이 문제가 지속됐다고 발표했다.

●

물리에서는 사람이 땅 위에 가만히 서 있는 것을 정적 평형의 대표적인 예로 들곤 한다. 평형을 이루는 것은 사람에게 가해지는 힘이 없기 때문이 아니라 사람에게 가해지는 힘의 합력이 0이 되기 때문이다. 이때 지구가 사람을 당기는 만유인력과 땅바닥이 사람을 미는 반작용력의 크기는 같고 방향은 반대다.

동적 평형은 조금 더 재미있는 개념이다. 간단하게 설명하면, 우선 갇힌 공간에 물이 든 컵을 둔다. 이때 컵에 든 액체인 물의 일부가 기화해 수증기가 되는데 물의 높이에 변화가 없는 것처럼 보일 때가 있다. 하지만 기화 현상이 멈춘 것이 아니다. 액체인 물이 기화하는 속도와 수증기가 다시 액화돼 물이 되는 속도가 같기 때문에 물컵에 든 물의 높이가 일정한 경우 동적 평형 상태가 된다. 일상적인 예를 대입하면 이번 달 수입과 지출이 같을 때 내 통장 잔고가 그대로 유지되는 것과 같다.

인간의 신체는 중력이 존재하는 지구에서 오랜 시간에 걸쳐 생활하며 최적화됐다. 이는 중력에 대응하는 힘과 조직이 우리 몸속에서 항상 상호작용하고 있다는 뜻이다. 몸은 힘의 상호작용과 균형을 통해 항상성을 유지한다. 만약 몸에 작용하는 힘 중 중력만 사라지면 곧바로 우리는 몸에서 불편함을 느끼고 심지어 위험한 순간을 겪을 수도 있다. 지구생활자의 핵심 역량은 바로 이러한 평형과 균형을 이루는 것이다.

바이오리듬,

우주에 가면 어떻게 될까?

하루에 16번이나
해가 뜰 때 일어나는 일

✦

#나 혼자 사는 우주 인간과 바이오리듬

시속 2만 8천 킬로미터로 지구를 도는 우주정거장에선 하루에 16번씩 해가 뜨고 진다. 하루 만에 반복되는 낮과 밤을 겪다 보니 우주인들의 생체 리듬은 완전히 깨져버리기 쉽다. 그래서 우주정거장에서 장기간 생활해야 하는 우주인 4명 중 3명꼴로 잠에 들 때 수면제를 먹고, 일할 때는 대부분 카페인에 의존해 버틴다. 지구에서 24시간에 한 번씩 해가 뜨고 지는 생활에 익숙한 지구인으로서는 도저히 상상할 수 없는 환경이다.

●

케플러의 항성 주기 법칙이나 원 운동 법칙으로 계산하면, 지구에서 약 38만 킬로미터 떨어져 있는 달은 공전 주기가 27일이다. 달은 지구 주위를 도는 공전 주기와 자전 주기가 같아 늘 우리가 달의 앞면이라고 부르는 면만을 보여준다. 그와 비슷하게 보통 지상고도 3만 5,786킬로미터에 자리를 잡는 정지 위성은 지구를 도는 공전 주기가 지구의 자전 주기와 같아 지구에서 볼 때 항상 같은 위치에 정지해 있는 것처럼 보인다.

한편 거대한 우주정거장은 지상고도 418킬로미터의 저고도에서 지구 주위를 공전한다. 공전 주기는 약 93분이다. 계산해보면 24시간 동안 지구를 15.5 바퀴 돌고 있는 것이다. 앞서 말한 것처럼 우주정거장에서는 태양이 24시간에 15.5번 뜨는 것을 계산을 통해 확인할 수 있다. 그런데 만약 우주정거장에서 생활하는 우주인이 전혀 피곤하지 않은 상태에서 창밖으로 뜨고 지는 태양을 본다면 지구에서의 일출과 일몰에 익숙한 신체가 '피곤하다'라는 틀린 신호를 보낼 수도 있다. 인간의 수면 질과 관련이 있는 바이오리듬은 태양광과도 밀접한 관련이 있기 때문이다. 수면의 질을 높이려면 낮에 태양 빛을 많이 쬐라는 이야기가 괜히 있는 것이 아니다.

우주정거장에는 93분이라는 짧은 공전 주기 외에도 수면의 양과 질을 낮추는 요소가 많이 있다. 우주에서는 잠을 잘 때 작은 캡슐에 들어가 슬리핑백을 활용해야 한다. 무중력 상태에서는 어떤 자세로도 잠을 잘 수 있지만 여기저기 둥둥 떠다니다가 서로 충돌할 수 있기 때문에 최소한의 안전장치를 마련한 것이다. 또 밝음과 어두움의 주기가 매우 변칙적인 데다 낮에도 충분한 실내 밝기를 확보하기가 힘들다. 그런 이유로 24시간 생체 주기 리듬이 교란되면 우주정거장에 있는 승무원들이 겪는 생리학적 스트레스는 더욱 커진다.

수면을 방해하는 더 큰 요인으로는 우주정거장 유지와 관리에 필요한 임무 수행이다. 승무원들은 사람과 물자를 공급하는 우주선의 도킹·점검·수리를 비정기적으로 수행해야 한다. 또 우주정거장은 항상 소음으로 둘러싸여 있다. 무중력 상태에서는 공기가 정체돼 있기 때문에 24시간 내내 선풍기를 이용해 공기를 순환시켜야 한다. 나사의 보고에 따르면 이런 우주정거장 환경에 잘 훈련된 거주자 중 절반이 수면제를 복용하며 지구에서보다 2시간 더 적게 잔다고 한다.

●

우주정거장이나 잠수함처럼 외부와 내부의 압력 차가 큰 환경에서는 구형보다 원통형과 도넛형 공간이 압력을 견디기 유리하다. 따라서 우주정거장과 잠수함의 형태적 한계 때문에 내부 공간은 좁을 수밖에 없다. 더구나 우주라는 매우 생경한 환경에서 서로 다른 언어를 쓰는 다른 문화권의 사람이 여럿 모여 오랜 시간을 함께 지내야 하니 일부 승무원들은 스트레스부터 심한 정신적 문제까지도 겪곤 한다. 그 결과 승무원들의 사기와 직무 수행 능력도 떨어진다.

구소련의 국가 영웅으로 추앙받는 우주비행사 발레리 류민Valery Ryumin은 우주 비행 임무 중 분위기를 오 헨리의 말을 인용해 표현하기도 했다. "당신이 인간 학살을 부추기고 싶다면 두 사람을 아주 작은 방에 한 달만 가둬보라."

남극기지나 잠수함 같은 제한된 공간에서 오래 체류하는 승무원들을 살펴보면 그들이 겪는 스트레스는 환경 변화에 적응한 방식으로 나타난다. 신체 상태에 문제가 발생하는 것은 물론 불면증, 불안과 근심까지 결합해 나타난다.

양자물리학에서는 두 입자, 정확하게는 두 입자의 파동이 너무 많이 겹치면 거의 모든 경우에 서로 밀어내는 힘, 즉 척력이 강하게 발생한다고 설명한다. 입자 사이에도 지켜야 할 거리가 있다. 예를 들어 두 개의 산소 원자가 분자를 이룰 때 생겨나는 레너드-존스 포텐셜Lenard-Jonnes potential이라는 에너지가 있다. 산소 원자 두 개가 서로 멀리 떨어져 있으면 약한 인력으로 서로를 잡아당기는데, 원자가 가까이 접근할수록 인력은 조금씩 더 커진다. 그러다가 너무 가까워지면 척력이 급격하게 커진다. 산소 분자가 만들어지는 산소 원자 간 거리는 인력이 가장 큰 거리다. 인간 사이에서 맺는 인간관계도 이런 물리 현상과 유사한 방식으로 맺어진다. 서로 멀리 떨어져 있으면 그립다가도 너무 가까이 다가오면 불편해지는 관계를 떠올리면 이해하기 쉬울 것이다.

●

우주 공간에서는 무중력의 영향으로 뼈와 뼈 사이의

간격이 멀어져 키가 다소 자란다고 한다. 그와 비슷한 원리로 성인도 자정 무렵부터 8시간 정도 잠을 자고 일어나 키를 재면 잠자기 전 키보다 약 2센티미터 늘어난 것을 확인할 수 있다. 척추를 형성하는 추골 사이에 있는 추간판이라는 유연한 판이 밤사이 늘어났기 때문이다.

추간판은 주요 구성 성분이 물로 돼 있어 우리 몸에 상당한 유연성을 제공한다. 인간의 동작이 부드러운 것도, 몸에 충격을 받았을 때 다칠 확률을 낮출 수 있는 것도 모두 추간판의 유연성 덕분이다. 그런데 낮에 상체를 세우고 있으면 중력이 작용해 척추가 눌리게 되고, 추간판이 그 힘을 받으면 물이 조금씩 빠져나온다. 결국 추간판이 얇아지고 만다. 하지만 밤에 누워 휴식을 취하면 추간판에 다시 물이 채워진다. 우리 척추에서는 매일 이러한 과정이 반복된다.

반면 지구 환경과 달리 우주 공간의 무중력에서는 추간판의 물이 빠져나가는 힘을 받지 않으므로 한 달 내로 승무원의 골격이 늘어나 키가 약 2.5센티미터 커진다. 또 두 달이 지나면 중력 때문에 눌려 생긴 발바닥의 굳은살들이 허물을 벗듯 분리돼 떨어져나가 아기의 발처럼 부드러운 피부만 남는다.

한편 무중력 공간에서는 키가 자라기도 하지만 늘어난 근육 탓에 근육통이나 복통이 일상적인 고통으로 다가온다. 우주 생활을 하는 데 고통이 수반된다면 더 없이 괴로울 것이라고 생각하기 쉽다. 하지만 고통은 인간이 겪는 위험한 상황이나 환경을 피하도록 유도함으로써 생의 지속을 돕는 역할을 한다. 만약 손가락을 불에 데거나 손가락이 잘렸을 때 고통을 느끼지 않았다면 인간은 손가락을 다치는 상황을 피하고자 지금과 같은 필사적 노력을 쏟지 않았을 것이다. 또 고통을 느끼지 못한 채 치명적인 부상을 입고 개체 수를 늘리지 못했을지도 모른다. 어쩌면 고통을 모르는 동물은 진화에서 도태되고 말 것이다.

●

멀리 우주로 나가지 않아도 에베레스트 같은 높은 산에 오르거나 인생의 목표를 크게 세우는 노력은 경이로운 성장을 가져온다. 우주로 가는 경험도 마찬가지다. 인류의 역사를 통틀어 우주비행사들은 인간으로 태어나 가장 경이로운 경험을 한 인물들 중 한 축에 속한다. 지구 밖에서 지구를 본 우주비행사들은 신의 비밀을 훔쳐본 자들에 비견되기도 한다. 끝없이 펼쳐진 우주를 향해 지구에서 가장 멀리까지 간 사람들이니 말이다.

위험을 극복하고자 하면 위험을 정확하게 파악해야 한다. 지난 60여 년간 기계의 발달과 더불어 인간을 위험하게 만드는 우주에 대비하는 인식이 크게 발전했다. 인간은 신체뿐만 아니라 감정과 지성에도 리듬이 존재한다. 빛에 영향을 받는 생물은 바이오리듬을 갖는데, 특히 그중에서도 인간은 바이오리듬에 가장 큰 영향을 받는다. 바이오리듬은 몸과 마음을 지배하기 때문에 우주로 진출하고자 한다면 그 리듬이 깨지지 않는 방법을 연구해야 한다.

그런 의미에서 우주에서의 의학과 생물학을 다루는 과학 분야인 우주 생리학 관련 연구가 폭발적으로 늘고 있다는 사실은 매우 고무적이다. 우주로 나아가기 위한 기술을 개발하는 것만큼 우주에서 적합한 생체 리듬으로 하루를 보내는 일의 중요성을 인식하기 시작한 것이다. 나는 신의 비밀이라고 일컬어지는 우주 시대로 진입하기 위해 넘어야 하는 첫 번째 장벽은 우주로 간 인간의 외면과 내면을 돌보는 일이라고 믿어 의심치 않는다.

나도 우주 여행을

할 수 있을까?

핵심은 가속도를
견디는 것

✦

#변화에 적응하는 인간과 중력가속도

영국 민간 우주 기업 버진 갤럭틱Virgin Galactic이 본격 우주 여행 사업에 시동을 걸었다. 2022년부터 일반인을 대상으로 여행 티켓을 판매 중이다. 버진 갤럭틱 이외에도 아마존의 블루 오리진, 일론 머스크의 스페이스X까지 참여하며 우주 여행 대중화에 속도를 올리고 있다. 하지만 일반인에게는 여전히 조금 먼일처럼 느껴진다. 억 소리 나는 가격, 한정된 티켓 수, 그에 반해 짧은 우주 여행 시간은 선뜻 티켓 구매로까지 이어지지 않는다. 그런데 돈만 있다고 우주 여행을 할 수 있을까? 우주비행사가 되기 위해서는 중력가속도 훈련, 무중력 훈련 등 굉장히 힘든 과정을 거친다. 바로 엄청난 가속도 때문이다.

태양계에서 가장 가까운 별은 태양에서 약 4.3광년 떨어져 있는 프록시마켄타우리Proxima Centauri 별이다. 광속으로 이동한다고 하더라도 왕복 이동에만 8.6광년이 걸린다. 운이 좋아서 광속의 10퍼센트를 내는 우주선이 개발되면 그 우주선을 타고 90년에 걸쳐 다녀올 수 있다. 태양계 내에서 가장 가까운 행성인 화성까지 왕복하는 데만 해도 현재 기술로 18개월 이상 걸린다. 따라서 우주선은 최대한 큰 가속 성능을 갖추고 최대 속력으로 비행할 수 있어야 한다. 그러나 인간의 신체는 가속을 견디기에는 매우 섬세하고 복잡하다.

특수 훈련을 받지 않은 일반인은 중력가속도의 3배 정도를 잠시 견딜 수 있다. 4배에서 6배가 되면 기절하고 만다. 우주선이 가속할 때는 우주선이 움직이는 방향으로 사람이 서 있거나 앉아 있는 경우가 대부분이다. 이때 수직 방향 가속도로 인해 혈액이 뇌와 눈을 비롯한 상체에서 하체인 다리 방향으로 빠져나가므로 견디기가 훨씬 더 힘들다. 처음에는 시력을 잃고 나중에는 의식을 잃게 된다. 공군 조종사와 우주비행사들이 중력 훈련을 하고 내가속도복을 입는 이유다.

●

원심분리기는 원심력을 이용해 액체 혼합물을 분리하는 기계다. 멀리서 찾지 않아도 대다수 가정에서 원심분리기를 발견할 수 있다. 세탁기의 탈수 기능이 바로 원심분리의 원리를 이용한 것이다. 매우 건강한 신체와 강한 정신력을 지닌 공군 조종사와 우주비행사도 가속도 내성 훈련 장치를 이용해 주기적으로 훈련받는다. 이 장치도 일종의 거대한 원심분리기다.

이 장치를 이용하면 회전하는 동안 중심에서 바깥쪽으로 발생하는 원심력을 통해 중력가속도를 간접 체험할 수 있게 해준다. 사람이 탑승하기 때문에 중력가속도는 최대 9G까지만 낼 수 있도록 제한이 걸려 있다. 이 정도의 가속도만 받아도 몸속 피가 한쪽으로 쏠려서 정신을 잃을 수 있다. 게다가 피를 공급받지 못하는 몸 쪽에는 세포의 괴사가 일어나고 모세혈관이 터지기 시작한다. 대기권 내에서 주로

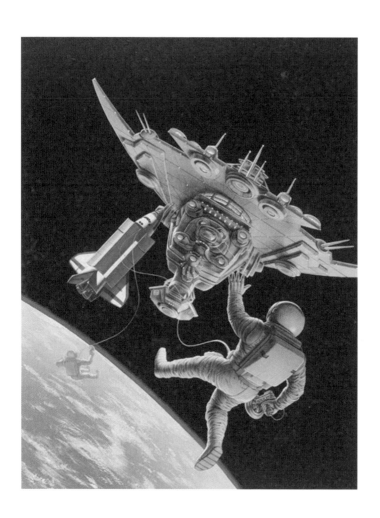

「우주 왕복선과 우주 정거장 도킹」, 돈 이반 펀차츠

전투기를 타는 공군 조종사는 적이 쏘는 미사일을 피하는 수십 초 동안만 가속도를 견뎌내면 된다. 우주비행사도 우주 스케일에서는 상대적으로 매우 가까운 거리인 우주정거장까지 갈 때, 약 2분 동안만 높은 가속도를 견디면 된다.

●

영화를 통해 고층 건물에서 떨어지는 사람이 짧은 몇 초 동안 팔다리를 허우적거리면서 괴로워하는 모습을 보았을 것이다. 그처럼 일반인이 지구 표면에서 자유낙하 하는 가속도($1G=9.8m/s^2$)로 가속해서 광속까지 가속하려면 거의 1년(3,060만 초=8,500시간=354일)이나 걸린다. 도착할 때는 다시 정지해야 하니 가속과 감속에만 2년이 걸린다.

인간이 가속도 1G로 1년간 여행하는 것은 상상 이상으로 어려운 일이다. 간단히 계산해보자. 시속 100킬로미터의 속도면 초속 27.8미터, 1G의 가속도면 시속 100킬로미터까지 도달하는 데 2.8초가 걸린다. 정지 상태에서 시속 100킬로미터까지 가속에 걸리는 시간인 제로백이 2.8초대이면 10억 정도 하는 고급 스포츠카 성능과 비슷한 수준이다. 고급 스포츠카 안에서도 가속도가 걸리는 순간에는 몸이 캡틴 시트라는 좌석에 완전히 밀착되고 팔을 움직이는 것조차 쉽지 않아진다.

스포츠카에 탄 사람이 시속 400킬로미터로 가속되는 10여 초 정도를 견디기는 비교적 쉬울지 몰라도 1년간 동일한 1G라는 가속도를 견디는 것은 이론상 불가능하다. 먼저 좌석에 눌린 등의 피부가 괴사하기 시작할 것이다. 광속까지 가속하는 데 걸리는 시간을 1년이 아닌 한 달로 감축하려면 12G의 가속도가 필요한데 그러면 사람의 정신은 고사하고 몸이 견디지 못한다. 3일로 감축하려면 100G의 가속도가 필요하고 뼈와 살이 분리될 것이다.

가속도를 견디는 것과는 달리 인간의 몸은 속력 변화 없는 고속 직선 운동은 매우 잘 버틸 수 있다. 인간은 지구 표면에 정지해 있으면서 지구의 자전과 공전을 함께 경험하고 있다. 지구의 자전 속도는 적도에서 초속 약 465미터 ($2 \times 3.14 \times 6{,}400$킬로미터/$24/3{,}600$), 즉 시속 약 1,670킬로미터다. 단, 극지방에서는 제자리에서 회전만 하기 때문에 자전 속도는 0이다. 자전가속도는 $0.034m/s^2$($456 \times 456/(6{,}400 \times 1{,}000$)에 불과하므로 중력가속도 $9.8m/s^2$보다 약 300배나 작다. 또 지구의 공전 속도는 초속 약 30킬로미터, 즉 시속 약 11만 킬로미터다. 소리의 속력인 음속의 88배에 달하는 무시무시한 속도다. 그러나 공전가속도는 $30,000^2/(1.5 \times 10^{11}m)=0.006m/s^2$로 매우 작다.

●

영화 「어벤져스」 시리즈에 등장한 영웅 토니 스타크는 비행 전투 슈트를 입고 어마어마한 가속도로 움직인다. 고속으로 날다가 UFO처럼 순간적으로 방향을 바꾸려면 엄청난 가속도가 필요하다. 전투 슈트는 가속도를 견디지만, 슈트 안 인간은 가속도에서 살아남는 것은 고사하고 죽은 이후에도 사람의 형태조차 유지할 수 없는 것이 현실이다. 만약 UFO가 있다면 UFO를 타고 온 외계생명체는 무시무시한 가속도를 견디기 위해 지구생명체와 전혀 다른 형태와 성질을 지니고 있을 것이다.

일반인들도 체험할 수 있는 예를 들어보자. 흔히 독일에서 만든 자동차는 달리고 정지하는 기능이 뛰어나며 충돌 사고가 나도 탑승자를 안전하게 보호한다고들 한다. 그런데 자동차가 충돌할 때 전혀 찌그러지지 않으면 그 충격이 탑승자에게 그대로 전달돼 사람이 크게 다칠 수 있다.

정확히 말해 독일 차가 안전하게 탑승자를 보호하는 것은 올바른 방향으로, 또 적당히 잘 찌그러지는 자동차 몸체 설계 기술 수준이 높기 때문이다.

결국 살과 뼈, 피와 혈관, 신경과 뇌로 이뤄진 생명체의 형태로는 사람이 태양계 외부 별까지 왕복하는 우주 여행을 해낼 수 없다. 매우 원시적이고 기본적인 생명 형태를 가진 바퀴벌레와 곰벌레는 우리보다 가속도를 잘 견뎌낼 수 있을지도 모르겠다. 하지만 우주 여행을 하기 위해 육체가 개미처럼 퇴화하기를 바라는 사람은 없을 것이다.

물리적 개념인 속도는 시간당 위치의 변화고 가속도는 시간당 속도의 변화를 의미한다. 생명체는 생의 주기 동안, 그리고 세대를 거듭하며 고속으로 변화하는 데 대체로 취약하지만 인류는 가속화하는 변화에 적응하고 또 변화를 이끌어냈다. 20세기만 해도 휴대전화로 대중교통 수단과 식당을 실시간 예약하는 일을 상상한 이는 많지 않았다. 인류는 언젠가 민간인 우주 여행을 가능케 하는 가속도를 견디는 기술 또한 탁월하게 개발하고 또 빠르게 적응할 것이다. 문제는 속도가 아니라 가속도라는 사실을 제대로 알게 됐다는 것은 이미 성공의 첫걸음을 내디딘 것과 같다.

우주 사고를

예측할 수 있다면

우주 사고는
기술 진보의 어머니다

✦

#인류의 생존과 우주 사고 회피 기술

제주의 둘레길과 같은 산책 코스에서는 큰 충돌 사고
가 거의 발생하지 않는다. 길을 걷는 사람들의 걸음 속도가
느리기 때문이다. 반면 한강공원의 자전거 전용도로에서
는 자전거를 탄 사람의 속도가 둘레길에서 걷는 사람의 걷
는 속도보다 약 5배 빠르기 때문에 자칫 부딪혀 뼈가 부러
지는 큰 사고가 발생하기도 한다. 자전거의 속도보다 5배
이상 빠르게 달릴 수 있는 고속도로에서 발생하는 자동차
사고는 훨씬 더 위험하다. 심지어 사망하는 사람도 발생한

다. 반면 비행기는 자동차보다 속도가 5배 이상 빠르지만 비행기 사고 사망률은 자동차 사고 사망률보다 훨씬 낮다. 비행기 개발의 초기 단계에서 무수한 사고를 경험한 인류가 비행기 사고의 데이터를 기반으로 사고를 회피하는 기술을 일찍부터 개발했기 때문이다.

도로를 달리는 자동차가 늘고 자동차의 속도 또한 빨라지면서 자동차 사고 위험이 늘고 있다. 자율주행 기술의 등장 이전부터 자동차 산업에서는 다양한 기술을 통해 사고를 줄이기 위한 노력을 쏟고 있다. 예를 들어 잠김 방지 제동장치Anti-lock braking system, ABS는 급정거 시 타이어가 잠기는 것을 방지해 운전자가 방향을 조정할 수 있는 안전 기술을 적용했다. 만약 사고 시에 타이어가 잠기게 되면 핸들을 돌려도 방향을 제어할 수 없으므로 사고의 위험이 커진다. 또 전자식 주행 안정장치Electronic stability control, ESC는 미끄러짐을 방지해 안정성을 높여주는 안전 기술이 적용됐다. 차선이탈 경고시스템Lane daparture warnig, LDW과 차선이탈 방지 보조 시스템Lane keeping assist, LKA은 주행 중 차량이 차선을 이탈할 때 경고음을 내고 핸들을 조절하는 안전 기술이다. 평상시에 운전할 때 차량이 차선을 이탈하면 핸들을 툭 치는 느낌을 주는 정도로 조절해 졸음운전을 막아주기도 한다.

●

우주선에서는 어떤 기술을 활용할 수 있을까? 음속보다도 훨씬 빠르게 날아가는 우주선은 좁은 공간, 무중력과 저기압, 폭발성이 강한 엔진과 연료를 갖춘 첨단 기술의 집합체다. 우주 여행 중에 사고가 일어난다면 그 어떤 운송수단의 사고보다 큰 사고로 이어질 가능성이 크다. 특히 우주선은 대기권 내를 비행하는 비행기처럼 운항할 때보다 이륙과 착륙할 때 위험도가 높다고 알려져 있다.

실제로 1986년 1월 28일, 우주왕복선 챌린저호가 이륙 도중에 폭발하는 사고가 일어났다. 당시 노벨 물리학상 수상자였던 리처드 파인만 교수가 청문회에서 사고 원인을 설명하던 모습이 떠오른다. 사고 경위를 조사한 나사에서는 고무로 만든 작은 부품인 오링O-ring의 파손으로 부스터와 로켓이 폭발해 사고를 일으켰다고 발표했다. 챌린저호 이륙 당일 기온은 영하 3도였는데 나사의 몇몇 기술자들이 오링이 얼어 문제를 일으킬 수 있다는 사실을 사전에 파악했다고 한다. 하지만 나사에서는 발사를 연기하기 어려운 상황을 더욱 중요하게 생각해 발사를 강행했다고 한다.

또 2003년 2월 1일에는 우주왕복선 컬럼비아호가 지구 대기로 재진입하다가 공중 분해되는 사고가 발생했다. 1986년에 일어난 챌린저호의 사고는 이륙 직후, 속력이 아주 빠르지 않은 상태에서 일어나 대기와의 마찰도 작았기 때문에 사고로 사망한 승무원들의 시신을 거의 온전한 상태로 찾을 수 있었다. 그러나 컬럼비아호의 공중분해 사고는 가장 비극적인 우주선 사고로 기록돼 있다. 당시 대기권과 심한 마찰이 일어나 시신을 비롯해 우주선 안에 있던 거의 모든 부품이 다 타버렸다. 남은 것이라곤 헬멧과 일부 열에 강한 부품뿐이었다.

당시의 사고 경위를 살펴보면 컬럼비아호 발사 시점에 외부 연료 탱크에서 벗겨져 떨어져나간 단열재의 파편이 날개에 부딪혀서 구멍이 생겼고, 구멍으로 고온의 공기가 유입돼 날개에서부터 파손이 시작돼 공중 분해됐다고 추정된다. 거기다 미국 우주왕복선의 기체 중 가장 오래된 기체였던 컬럼비아호의 노후화도 간접적인 사고 원인으로 지적되기도 했다.

이러한 여러 사고를 경험하는 과정에서 우주선의 발사

부터 비행, 지구로의 귀환까지의 모든 과정을 살필 수 있는 고해상도 감시카메라가 매우 중요한 역할을 하게 됐다. 감시카메라는 스마트폰의 카메라처럼 비약적인 발전을 이루고 있으며 우주선에 닥칠 위험을 초기부터 분명하게 파악할 뿐만 아니라 후속 조치를 위한 데이터를 마련해줄 수 있다.

그럼 우주선과 관련된 기술에는 또 어떤 것들이 있을까? 2020년 나사에서는 우주 여행을 위한 다섯 가지 최상위 기술을 발표했다. 주로 우주정거장처럼 주기적으로 물자를 보급받지 못하는 심우주 여행을 위한 기술들인데 다음과 같다.

1. 생명 유지 기술

이산화탄소와 습도 조절 시스템, 충분한 음식과 물을 보관하기 위한 공간 절약 기술, 승무원실 공기압이 급감했을 때 6일 동안 생존할 수 있도록 도와주는 우주복 개발 기술이다.

2. 추진체 기술

심우주로 안전하게 여행을 다녀오기 위해서는 추진체

도 강력해져야 한다. 33개 엔진을 가진, 높은 정밀도를 보유한 강력한 성능의 서비스 모듈이 개발되었다.

3. 열 보호 기술

우주선은 음속의 30배의 속도로 날아간다. 시간당 2만 5,000마일의 속도로 로스앤젤레스에서 뉴욕까지 6분 만에 주파하는 속도다. 더욱이 우주선을 둘러싼 공기 입자가 우주선에 주는 열에너지는 우주선의 속도의 세제곱에 비례한다. 지구 대기로 재진입할 때 우주선 앞부분에 발생하는 섭씨 2,760도의 열을 견디는 열 방패heat shield가 필요하다.

4. 방사선 보호 기술

우주선은 지자기장의 보호 범위를 벗어나면 저궤도, 즉 지구의 강한 방사선 영역을 지난다. 하전 입자와 태양풍에 의한 방사선이 우주선의 컴퓨터나 항공전자기기 작동에 지장을 줄 수 있다. 따라서 동일한 컴퓨터 4대가 문제의 발생 여부를 매일 자체 점검하고 백업컴퓨터가 극한 환경에서도 우주선과 지상 관제 센터의 중요한 시스템의 명령이 수행되도록 지원하는 기술이 필요하다.

5. 통신 항해 기술

우주선은 통제센터와 교신하기 위해 나사의 우주통신 네트워크 3개를 모두 사용한다. 지구의 발사대를 떠나 지구와 달의 중간 영역에 도달하면 우주선은 근지구통신망(지상통신망)에서 우주통신망으로 전환한다. 위치 추적과 데이터 전송은 인공위성의 도움을 받는다. 마지막으로 심우주통신망Deep space network, DSN으로 전환한다. 심우주통신망은 나사의 제트추진연구소에서 운영하는 통신 시설이다. 미국 캘리포니아, 스페인, 호주에 있다. 행성 간을 운행하는 우주선과의 통신을 위해, 우주로부터 오는 전파와 태양계 내부 전파의 관측을 위해 사용되고 있다.

2019년, 나사는 미국 내 13개 기업과 파트너십을 맺고 우주 산업 관련 기술 지원을 시작했다. 제휴를 맺은 민간 기업 중에는 스페이스X, 블루 오리진처럼 우리에게 친숙한 기업도 다수 포함돼 있다. 이륙·착륙 기술부터 대기권 돌입 기술, 첨단 통신 기술까지 과거에 일어난 우주 사고가 재발하는 것을 방지하기 위한 차원에서, 더 나아가 미래 우주 산업 임무에 도움이 될 기술을 앞서 개발하기 위한 준비를 갖춰가고 있다.

●

자동차 사고는 다른 자동차와 접촉할 기회가 많은 환경에서는 피하기 힘든 사고나 마찬가지다. 따라서 지구의 도로상에서 자동차 사고를 피하는 기술은 운전자의 부주의를 보조하고 다른 차량의 움직임을 감시해 안전을 도모하는 방향으로 발전해왔다. 반면, 우주선은 우주 공간에서 도킹 또는 랑데부 비행을 할 때를 제외하면 오직 한 대의 비행체가 광활한 우주 공간에서 홀로 오랜 시간 움직일 뿐이다. 따라서 우주 사고는 지상에서 일어나는 사고를 파악하는 관점과는 달라야 한다.

자동차는 주로 방향이 일정하고 중력가속도 또한 일정한 운동을 하지만, 우주선은 운행 방향과 중력가속도의 크기가 계속 변화하는 궤도 여행을 한다. 궤도 여행에서는 무엇보다 공기와의 마찰이 가장 큰 위험으로 작용한다. 앞서 언급했듯이 우주선 표면의 내열 성능에 문제가 발생하지 않도록 고해상도 감시카메라로 정확히 위험 요소를 미리 파악하는 것이 중요하다.

우주왕복선 컬럼비아호 사고는 당시 전 세계에 큰 충격을 주었다. 하지만 조지 부시 전 미국 대통령은 사고 직후 긴급 TV 연설을 통해 "오늘은 비극의 날이지만, 앞으로도 우주 개발은 계속된다"라고 이야기했다. 우주 비행 이전에도 인류는 자전거와 자동차, 비행기 신기술을 개발하며 많은 사고를 경험했지만 사고를 분석하고 미리 해결하는 과정을 통해 기술을 한층 더 발전시켰다. 그 결과로 사고율을 크게 줄일 수 있었다.

영어 속담 중에 "항구에 있는 배는 안전하지만, 그것은 배를 만드는 목적이 아니다(A ship in harbour is safe, but that is not what ships are built for)"라는 속담이 있다. 우주 개발을 대하는 우리의 자세도 그와 같아야 한다.

지구생활자를 위한

우주 기술 사용법

우주 기술이
인간을 이롭게 하는 법

✦

#우주적 관점과 인간의 본질

우주가 멀게만 느껴진다는 말은 우주 기술을 잘 몰라서 하는 소리다. 우주를 탐구하는 과학자와 우주를 항해하는 우주비행사를 위해 개발된 우주 기술은 놀랍게도 지구 생활자를 돕는 방향으로 진보해왔다. 우주 기술은 이미 우리와 떼려야 뗄 수 없는 생활 속 기술이 됐다.

●

적외선 체온계는 고막에서 나오는 열방사선을 측정하

는 방식으로 체온을 측정한다. 원래 지구에서 멀리 떨어진 별과 행성 온도를 측정하기 위해 적외선을 활용하던 기술을 의료용 혹은 일상생활용에 맞게 개선한 것이다.

투명한 보호막 형태의 치아교정기에는 나사에서 미사일을 추적하는 적외선 안테나를 보호하기 위해 개발한 투명 세라믹TPA이 사용된다.

여름에 햇빛을 차단하기 위해 쓰는 선글라스에 장착한 스크래치 저항형 렌즈는 우주 헬멧의 긁힘 방지를 위해 개발된 것이다. 일반 수영복보다 마찰력이 24퍼센트 줄어든 수영복은 우주선 디자인을 위한 풍동 실험에서 개발된 것이다. 2008년에는 해당 기술이 적용된 수영복을 입은 선수가 세계 신기록 13개를 경신하기도 했다.

메모리폼 베개와 매트리스는 신체에 밀착되도록 변형돼 편안한 자세를 취할 수 있도록 돕는 제품이다. 메모리폼은 충격을 흡수하고 하중을 분산하는 기능이 탁월한 소재로, 우주선이 지구로 착륙할 때 우주비행사가 앉은 좌석이 충격을 잘 흡수하도록 나사에서 처음 개발한 발명품이다.

블랙앤데커의 휴대용 진공청소기는 달 표면 아래에 있는 암석을 채취할 수 있는 초절전형 휴대용 드릴에 적용된 기술을 활용해 탄생한 제품이다.

우주선 내 식물 주위에 축적되는 에틸렌을 제거하기 위해 개발된 기술을 적용한 공기여과장치는 이산화타이타늄에 자외선을 가해 튀어나오는 전자가 공기 중 산소와 수분을 이온화하고 이로써 공기 오염 물질을 산화시켜 이산화탄소와 물로 바꾸는 방식으로 작동한다. 해당 기술은 공기 속 유기분자, 즉 박테리아와 곰팡이를 제거하는 데 쓰인다.

지구에서 이용할 수 있는 헬스장과 달리 무중력 상태의 우주에서는 우주생활자가 무게 추를 이용한 하중 운동을 할 수 없으므로 탄성이 있는 탄력 끈이나 스프링이 달린 운동기구를 활용해 뼈 밀도와 근육 손실을 방지한다. 이러한 운동기구는 지구에서 운동할 때에도 하중을 줄이는 대신 운동의 강도는 유지하는 덕분에 헬스장에서 큰 인기를 끌게 됐다.

우리 몸은 36.5도에 맞는 빛, '적외선'을 발산한다. 군용 야간 투시 고글은 사람 몸에서 나온 긴 파장의 빛을 가시광선으로 바꿔 눈에 보이도록 해주는 장치다. 1964년 우주 연구 프로그램에서 개발된 우주 경량 담요에 쓰인 단열 소재는 몸에서 나오는 적외선을 반사해 몸을 덥혀주는 원리를 적용했고, 이를 활용한 등산 용품들이 개발돼 고산을 등반할 때 매우 요긴하게 쓰인다.

●

일상에서 더 나아가 영역을 넓혀보자. 1980년대에는 우주 비행선들이 도킹을 하는 과정을 추적하기 위해 거리와 속도를 초고속으로 측정하는 기술이 개발됐다. 이는 오늘날 안과에서 각막 수술을 할 때, 안구 운동을 고속으로 추적하는 레이저 기술로서 쓰이고 있다.

우주비행선에 걸린 장력을 초음속으로 모니터하는 시스템은 철도 검사에 이용되며 의학 분야에서도 내장의 팽창과 이상 압력, 뇌압을 측정하는 데 사용된다.

우주정거장에서 생활하기 위해서는 물이 필수적으로 필요한데, 주로 땀과 소변에서 나오는 물을 정화해 음용이 가능한 물을 만드는 기술을 활용했다. 이는 화학 흡착과 이온 교환, 고기능성 필터를 이용한 기술로서, 오늘날 개발도상국의 오염된 물을 정화하는 데 쓰이고 있다.

「우주에서 온 마음」(1972), 잭 파라가소

우주 기술 중 지구생활자에게 가장 광범위한 영향을 미친 기술은 우주정거장, 우주선, 우주망원경을 통칭하는 인공위성 기술, 인터넷·무선통신 기술, 이미지 센서^{CMOS} 기술이라고 할 수 있다. 세 가지 기술은 지구생활자에게 없어서는 안 되는 기술이 됐다.

1957년 구소련이 스푸트니크 1호를 발사한 이래 지구에서 대기권에 띄운 인공위성이 수천 대 이상으로 늘어났다. 인공위성을 활용한 대표적인 기술 제품은 GPS다. 나사에서는 GPS 신호의 에러를 2.5센티미터 이내로 줄이는 기술을 개발했고, 이를 활용해 만든 위성 기반 위치 확인 시스템이 자동차 내비게이션에 쓰인다. 2016년에는 북미 대륙의 농가 70퍼센트가 GPS 기술을 사용해 스스로 움직이는 트랙터를 농사에도 활용하기 시작했다. 이외에도 지구상에 존재하는 수많은 사업에서 GPS를 활용하고 있다. 만약 GPS 기술을 유료화한다면 천문학적 비용이 발생해 대규모 산업 붕괴가 일어날지도 모른다.

인간이 대기권에 띄운 위성 중 기상 위성도 활용 가치

면에서 매우 중요한 기술의 산물이다. 기상 위성을 운용하는 국가에서는 위성을 통해 날씨 패턴을 관측해 분석하고 기상예보를 발표한다. 또 기상 위성을 통해 화재와 미세먼지, 적설량을 파악하는 일부터 극지방의 오존 구멍을 감시하는 일까지도 가능하다.

상보성 금속 산화물 반도체인 CMOS 센서는 나사의 제트추진연구소 과학자 에릭 포섬Eric Fossum이 우주 임무를 위해 카메라를 소형화하는 과정에서 개발한 것이다. 이 기술은 필름 카메라의 필름을 대체함으로써 디지털 카메라의 발전을 이끌었을 뿐만 아니라 휴대전화 카메라의 보급과 이미지 저장 기술의 급격한 발전을 이끈 핵심 기술이기도 하다.

●

만약 우주 기술이 민간화되지 않았다면 우리 사회는 어떻게 됐을까? 인공위성 기술, 인터넷·무선통신 기술, 이미지 센서 기술이 개발되지 않았다면 오늘날 인류의 생활은 전혀 다른 모습일 것이다.

아직도 서점이나 편의점에서는 지도책이 불티나게 팔리

고 있을 것이다. 처음 방문하는 지역까지 운전해서 가려면 한참 동안 지도를 보고 동선을 연구해야 하고, 조수석에 앉은 사람은 끊임없이 지도를 들고 길을 안내해야 할 것이다.

　미국과 같이 넓은 대지를 가진 나라에서 내비게이션이 아닌 사람의 능력만으로 농사를 짓는다면 농산물의 가격은 지금보다 더 비싸질 것이다. 배나 비행기의 조종사가 내비게이션 없이 운행을 하려면 훨씬 더 많은 시간과 비용이 들어 물류비용도 더 높아질 것이다. 대도시에서 10년 정도의 경력이 없다면 길을 헤매는 일이 잦아 택시기사가 되기도 힘들 것이다.

　기상 관측이 정확하지 않으면 대규모 자연재해에 의해 매년 일어날지 모를 막대한 인명과 재산 피해를 줄이기가 훨씬 더 힘들어질 것이다. 오늘날과 같은 인터넷 환경이 구축되지 않았다면 온라인 쇼핑몰도 아마 10분의 1로 축소될 것이다. 스마트폰 카메라를 통해 저장하는 수많은 정보들도 당연히 얻을 수 없을 것이다.

　이 책에서는 많이 다루지 않았지만 로봇 기술도 우주라는 극한 환경에서 수행하는 작업을 위해 발전하기 시작한 대표적인 기술이다. 현재 로봇 기술도 제조업, 건설, 의료, 위험 지역 탐색 등의 분야에서 폭넓게 사용되고 있다. 우주의 위험성에도 불구하고 끊임없이 도전한 덕분에 인류는 지구상에서 이전에는 누리지 못했던 많은 기술을 개발하게 됐다. 그로 인해 인류는 더 많은 데이터를 감시할 뿐만 아니라 기록하고 통신을 통해 서로 주고받으며 원격제어에까지 활용하고 있다. 우주 기술이야말로 "높은 위험성 대비 높은 이점high risk high gain"의 훌륭한 예라 할 수 있다.

우주 기술은 지구에서 생활하는 인간을 널리 이롭게 하는 무한한 가능성을 품고 있는 기술이다. 이처럼 우주 기술은 지구생활자들의 삶을 개선하는 데 혁신적인 기술로서 자리매김하며 인류의 삶을 진일보시켰다.

과학의 시대, 우리에겐 윤리가 필요하다

패망한 가야의 왕족 출신으로 삼국통일의 중추적 역할을 한 명장 김유신은 무려 5명의 신라왕을 섬기며 장군으로서, 정치인으로서 최고의 위치까지 오른 사람이다. 전제군주 시절, 이토록 오랫동안 2인자 권력을 유지할 수 있었던 그는 빼어난 명장으로서의 자질을 많이 갖추고 있었다. 거기다 전설적인 이야기도 그의 명성을 유지하는 데 한몫했을 듯하다. 여기에 휴머니즘까지 첨가된다면 더할 나위가 없다. 물론 삼국통일이라는 기반을 다진 그에겐 국가의 절대적 위기도 기회가 됐다. 누이를 김춘추라는 왕족과 결혼시키고 그 자신도 김춘추의 셋째딸이자 자신에게는 조카인 여인과 결혼하는 등의 전략도 매우 유명하다. 결혼 당시 그의 나이 61세였다고 알려진다. 평균 수명이 30세 이하였을 것으로 추정되는 지금으로부터 1365년 전의 일이다.

김유신이 아직 화랑이었던 시절, 지금으로 치면 육군사관학교 생도대장의 임무를 수행하던 시절의 유명한 일화가 있다. 김유신이 어릴 때 그의 어머니는 매우 엄격하게 교육시켰다고 전해진다. 패망한 왕족의 자손은 언제든지 숙청될 수 있으니 생존의 문제만큼은 더 주의했을 것이다. 어느 날 그가 잘 아는 기생집에서 하룻밤을 자고 왔는데 어머니가 그를 불러 앉혀놓고 방탕한 생활을 꾸짖었다. 이에 김유신은 다시는 기생집에 출입하지 않을 것을 다짐했다. 그러던 어느 날, 김유신이 술에 취해 말을 타고 집으로 오는데, 말이 길을 잘못 들어 그 기생집으로 가게 됐다. 술에서 깨어 살펴보니 기생집인지라 김유신은 말이 주인인 자신을 욕보였다 생각해 곧 말의 목을 베고 안장을 버린 채 집으로 돌아왔다. 이를 본 천관이라는 기생은 '원망하는 노래怨詩' 한 곡조를 짓고, 자기 집을 절로 만들어 중이 됐다고 전해진다. 이 절이 경주의 천관사다.

●

어릴 때 들었던 김유신의 이야기는 결단력에 대한 교훈을 주는 훈화라고 생각했다. 그런데 자율주행차와 동물의 권익에 대한 인식이 발달한 현대에는 새로운 질문을 던질 수 있다. 김유신의 애마는 지금으로 치면 주인의 행동양식을 분석한 인공지능 자율주행차에 빗댈 수 있다. 말은 주인이 술에 취한 날이면 늘 천관의 집으로 가던 것을 기억한 것뿐이다. 잘못한 것은 평소의 행실을 관리하지 못한 김유신인데 왜 주인의 행실을 기억한 말의 목을 자르는가? 자율주행차가 사고를 냈다고 해서 차량의 바퀴를 잘라버리거나 앞뒤 범퍼를 감옥에 보낼 수 있는가? 김유신은 자기 손목이나 발목을 잘랐어야 진정한 위인이 아닌가? 새로운 기술에는 그에 합당한 새로운 윤리가 필요한 법이다.

인공지능에 대해서도 생각해볼 필요가 있다. 사람의 능력에 불가항력적으로 일어나는 교통사고는 법으로 면책이 된다. 그런데 사람이 아니라 차량의 인공지능의 책임에 대해서는 불가항력이라는 개념 적용 범위가 매우 모호하다. 제조사와 제조시기에 따라서 인공지능의 능력이 크게 달라지기에 모두가 인정할 만한 법적 기준을 세우기도 어렵고, 만약 기준을 세우더라도 기술 발전 속도를 따라잡을 만큼 법이 합리적 수준을 유지하며 좇아가기도 쉽지 않다. 따라서 사고 시 법적 책임 공방에는 법률적 지식뿐 아니라 현대 기술 수준에 대한 이해도 필요하다. 게다가 자동화기기는 자동화 정도에 비례해 오작동이 날 여지가 많다. 인간의 감시가 없다면 오작동을 빨리 인지하기도 어렵다.

과연 뇌의 능동적 의지와 몸의 자율적 선호를 일치시킬 수 있는가? 생명체인 몸이 원하는 바는 몸이 가진 기능과 한계를 최적화해 얻는다. 키가 작은 나는 하체가 10센티미터 더 길어졌으면 하고 소원할 때가 있다. 그런데 종아리와 허벅지 길이가 갑자기 길어지면 내 몸은 확장된 만큼의 질량과 부피를 지탱하기 위해 많은 지원 요소가 추가로

필요해진다. 신경, 혈관, 근육, 심폐기능, 심장기능 등 모든 것이 바뀌어야 한다. 이와 같은 이치로, 자율주행이라는 것을 얻으려면 자동차 기술과 법령 등 많은 것이 보완되어야 할 것이다. 과학기술이 더 발전할 미래 시대, 우리에겐 그에 마땅한 윤리의 재정립이 필요하다.

감사의 글

　권숙일 교수님과 노태원, 황철성, 이규철, 김기훈, 이
진호, 채승철, 김재훈, 최만수, 조월렴, 이보화, 정하웅, 이
범훈, 정윤희, 김태환, 이순칠, 박인규, 노재동, 박용섭, 이
무희, 김삼열, 강경태, 이기준, 임은주, 김은경 교수님을 포
함한 많은 교수님, 다양한 분야에서 활약하는 고교 동문들,
우연한 기회에 만나 이야기를 나눈 초·중·고 학생들, 미국
소도시에서 만난 중년의 남성, 유럽에서 만나 경청의 미덕
을 보인 이들 덕분에 이 책에 꼭 필요한 내용을 잘 정리할
수 있었습니다. 아낌없는 대화와 격려에 힘입어 대중 강연
을 시작하고 계속해나갈 수 있었고, 물리를 탐구하는 일을

즐길 수 있었습니다. 일상 속 작은 불가사의에서 시작해 삶의 지혜를 통찰하는 이야기로 한 권의 책을 완성하기까지 도움을 준 모든 분께 이 자리를 빌려 감사 인사를 드립니다. 의견을 나누고 경청해주어 고맙습니다. 또 실험물리학자의 글을 대중이 더 쉽게 이해하도록 매끄럽게 만들어 준 편집자께 감사드립니다. 여러분과 답을 찾아가는 즐거운 여정을 함께할 수 있어 기뻤습니다.

만일 물리학으로 세상을 볼 수 있다면

지식을 지혜로 만드는 최소한의 과학 수업

초판 1쇄 인쇄 2023년 3월 14일
초판 1쇄 발행 2023년 3월 22일

지은이 정창욱
펴낸이 김선식

경영총괄 김은영
편집인 이여홍
콘택트 편집팀 여인영
마케팅본부장 권장규 마케팅2팀 이고은, 김지우
미디어홍보본부장 정명찬 브랜드관리팀 안지혜, 오수미
뉴미디어팀 김민정, 이지은, 홍수경, 서가을 크리에이티브팀 임유나, 박지수, 변승주, 김화정
디자인파트 김은지, 이소영 유튜브파트 송현석, 박장미
저작권팀 한승빈, 김재원, 이슬 재무관리팀 하미선, 윤이경, 김재경, 안혜선, 이보람
인사총무팀 강미숙, 김혜진 제작관리팀 박상민, 최완규, 이지우, 김소영, 김진경, 양지환
물류관리팀 김형기, 김선진, 한유현, 민주홍, 전태환, 전태연, 양문현, 최창우
외부스태프 교정교열 김승규 디자인 표지 어나더페이퍼 본문 여름

펴낸곳 다산북스 출판등록 2005년 12월 23일 제313-2005-00277호
주소 경기도 파주시 회동길 490
전화 02-704-1724 이메일 lyh22@dasanimprint.com 홈페이지 www.dasan.group
용지 아이피피 인쇄 한영문화사 코팅 및 후가공 평창피앤지 제본 한영문화사

ISBN 979-11-306-4216-1(03400)

콘택트(CONTACT)는 독자 여러분의 책에 관한 아이디어와 원고 투고를 기쁜 마음으로 기다리고 있습니다. 책 출간을 원하는 아이디어가 있으신 분은 아래 메일로 간단한 개요와 취지, 연락처 등을 보내주세요.(lyh22@dasanimprint.com).